国家重点建设冶金技术专业高等职业教学改革成果系列教材

炉外精炼实训指导书

主　编　李茂旺　　胡秋芳
副主编　罗仁辉

北　京
冶金工业出版社
2016

内 容 提 要

本教材为《炉外精炼》配套实训教材，依据课程标准和教学资源进行教学过程设计，主要介绍了四个项目的实训，包括 LF 炉操作、RH 炉操作、VD 炉操作、CAS 精炼设备操作，并阐述了炉外精炼最常用的四种精炼方法的工艺规程。系统介绍了各主要岗位的职责、操作程序与要求、常见事故的预防与处理以及设备的维护方式等内容。

本书可作为高职高专院校钢铁冶金技术专业的教材，也可作为钢铁企业职工的培训教材。

图书在版编目（CIP）数据

炉外精炼实训指导书/李茂旺，胡秋芳主编 · —北京：冶金工业出版社，2016.2
国家重点建设冶金技术专业高等职业教学改革成果系列教材
ISBN 978-7-5024-6568-1

Ⅰ.①炉⋯ Ⅱ.①李⋯ ②胡⋯ Ⅲ.①炉外精炼—高等职业教育—教学参考资料 Ⅳ.①TF114

中国版本图书馆 CIP 数据核字（2016）第 052527 号

出 版 人 谭学余
地   址 北京市东城区嵩祝院北巷 39 号 邮编 100009 电话 （010）64027926
网   址 www. cnmip. com. cn 电子信箱 yjcbs@ cnmip. com. cn
责任编辑 曾 媛 美术编辑 吕欣童 版式设计 孙跃红
责任校对 李 娜 责任印制 牛晓波
ISBN 978-7-5024-6568-1

冶金工业出版社出版发行；各地新华书店经销；固安华明印业有限公司印刷
2016 年 2 月第 1 版，2016 年 2 月第 1 次印刷
787mm×1092mm 1/16；9 印张；216 千字；132 页
29.00 元

冶金工业出版社 投稿电话 （010）64027932 投稿信箱 tougao@ cnmip. com. cn
冶金工业出版社营销中心 电话 （010）64044283 传真 （010）64027893
冶金书店 地址 北京市东四西大街 46 号（100010） 电话 （010）65289081（兼传真）
冶金工业出版社天猫旗舰店 yjgycbs. tmall. com
（本书如有印装质量问题，本社营销中心负责退换）

编写委员会

前　言

自 2011 年起江西冶金职业技术学院启动钢铁冶金专业建设以来，先后开展了"国家中等职业教育改革发展示范学校建设计划"项目钢铁冶炼重点支持专业建设；中央财政支持"高等职业学校提升专业服务产业发展能力"项目冶金技术重点专业建设；省财政支持"重点建设江西省高等教育专业技能实训中心"项目现代钢铁生产实训中心建设，并开展了现代学徒试点。与新余钢铁集团有限公司人力资源处、技术中心以及下属 5 家二级单位进行有效合作。按照基于职业岗位工作过程的"岗位能力主导型"课程体系的要求，改革传统教学内容，实现"四结合"，即"教学内容与岗位能力""教室与实训场所""专职教师与兼职老师（师傅）""顶岗实习与工作岗位"结合，突出教学过程的实践性、开放性和职业性，实现学生校内学习与实际工作相一致。

按照钢铁冶炼生产工艺流程，对应烧结与球团生产、炼铁生产、炼钢生产、炉外精炼生产、连续铸钢生产各岗位在素质、知识、技能等方面的需求，按照贴近企业生产，突出技术应用，理论上适度、够用的原则，校企合作建设"烧结矿与球团矿生产""高炉炼铁""炼钢生产""炉外精炼""连续铸钢生产" 5 门优质核心课程。

依据专业建设、课程建设成果我们编写了《烧结矿与球团矿生产》《高炉炼铁》《炼钢生产》《炉外精炼》《连续铸钢》以及相配套的实训指导书系列教材，适用于职业院校钢铁冶炼、冶金技术专业、企业员工培训使用，也可作为冶金企业钢铁冶炼各岗位技术人员、操作人员的参考书。

本系列教材以国家职业技能标准为依据，以学生的职业能力培养为核心，以职业岗位工作过程分析典型的工作任务，设计学习情境。以工作过程为导向，设计学习单元，突出岗位工作要求，每个学习情境的教学过程都是一个完整的工作过程，结束了一个学习情境即是完成了一个工作项目。通过完成所有项目（学习情境）的学习，学生即可达到钢铁冶炼各岗位对技能的要求。

本系列教材由宋永清设计课程框架。在编写过程中得到江西冶金职业技术学院领导和新余钢铁集团有限公司领导的大力支持，新余钢铁集团人力资源处组织其技术中心以及5家生产单位的工程技术人员、生产骨干参与编写工作并提供大量生产技术资料，在此对他们的支持表示衷心感谢！

由于编者水平所限，书中不足之处，敬请读者批评指正。

江西冶金职业技术学院教务处　**宋永清**

2016 年 2 月

实 训 指 导

一、实训的目的与特点

生产实训是钢铁冶金技术专业方向的主干专业实践教学课程，属于专业理论知识与实际工厂设备技术应用及管理环节实际技能训练与提高的实践环节。通过学习使学生掌握钢铁冶炼操作的基本理论知识，与此同时下厂进行具体的岗位实习操作，将所掌握的理论知识与实践结合起来，初步具备分析问题和解决实际问题的能力，为以后从事专业工作打好坚实的基础。本课程将向学生传授并使之感受和体验现代设备系统工程中设备技术应用和设备管理的理念、实际状况及工作原理，动手参与相关设备设计、制造、维修活动及管理过程等。

通过专业实训项目的学习，学生应当理解并掌握本专业在实际工作中涉及的知识、学科领域及其理论和重要理念，了解本专业所涉及的技术、经济、管理知识与技能方法在实际工程中的应用，了解本专业在工厂实际生产中的具体工作内容及基本环节。通过各工作环节的感受，学生能为学习专业理论课程，为今后成为既懂专业技术又会管理的复合型工程技术人才打下较好的基础。

针对高职钢铁冶金技术专业特点，实训课程具有以下特色：

（1）以企业真实的工作任务和职业能力要求的技能为基础，设置学习性工作任务。

（2）打破传统的理论与实践教学分割的体系，理论知识贯穿在实操技能的学习过程中，实现"理实一体化"。

（3）从高等职业教育的性质、特点、任务出发，以职业能力培养为重点，依据国家制定的职业技能鉴定标准中的职业能力特征、工作要求以及鉴定考评项目等，以工作内容和工作过程为导向进行课程建设。

（4）课程内容引进企业实际案例和选用实际生产项目，充分体现职业岗位和职业能力培养的要求；课程实施理论与实践交互式教学，通过建立校内外实训基地，将钢铁生产企业的真实工作项目引入教学环节，把课堂逐渐推向企业的工作现场，使课程能力实现向社会服务的转化，充分体现课程的职业性、实践性和开放性。

二、实训的内容与要求

（1）收集认识实训所在工厂的安全生产要求及安全注意事项，实训期间应遵守所在实训单位的各种规章制度，服从带队指导老师和单位有关人员的领导，严格遵守工厂的《安全操作规程》。

（2）服从车间领导的安排，尊重工人师傅，勤学好问，虚心求教。

（3）收集实训所在工厂的主要生产产品、生产工艺流程、主要的生产设备结构及工作原理等相关资料。

（4）收集认识企业生产管理体系的架构、内容、要求。

（5）在班组实习期间，收集、记录、认识班组在设备维护管理中的具体内容、事项、要求，参与班组的相关工作，提高学生的动手能力和实训现场分析问题、解决问题的能力；建立和提高学生参与管理的意识，认识和体会生产及管理过程中的具体环节与问题；观察学习技术人员及工人师傅分析问题的方法和经验。

（6）结合自己已经学习到的知识，分析讨论所在实习工厂中发现的问题或不清楚的环节，甚至提出自己的意见和建议。

（7）听取所在实习单位为学生举行的就业择业、先进技术、设备维护及生产管理等方面的专题报告。

（8）每天编写实习记录，必要时在小组内或小组间开展实习心得与问题讨论。

三、实习报告的写法及基本要求

1. 实习报告的写法

实习报告一般由标题和正文两部分组成。标题可以采取规范化的标题格式，基本格式为，"关于××的实习报告"；正文一般分前言、主体和结尾三部分。

（1）前言：主要描述本次实习的目的意义、大纲的要求及接受实习任务等情况。

（2）主体：实习报告最主要的部分，详述实习的基本情况，包括项目、内容、安排、组织、做法，以及分析通过实习经历了哪些环节，接受了哪些实践锻炼，搜集到哪些资料，并从中得出一些具体认识、观点和基本结论。

（3）结尾：可写出自己的收获、感受、体会和建议，也可就发现的问题提出解决的方法、对策；或总结全文的主要观点，进一步深化主题；或提出问题，引发人们的进一步思考；或展望前景，发出鼓舞和号召等。

2. 实习报告的要求

（1）按照大纲要求在规定的时间完成实习报告，报告内容必须真实，不得抄袭。学生应结合自己所在工作岗位的工作实际写出本行业及本专业（或课程）有关的实习报告。

（2）校外实习报告字数要求：每周不少于1000字，累计实习3周及以上的不少于3000字。用A4纸书写或打印（正文使用小四号宋体、1.5倍行距，排版以美观整洁为准）。

（3）实习报告撰写过程中需接受指导教师的指导，学生应在实习结束之前将成稿交实习指导教师。

3. 实习考核的主要内容

（1）平时表现：实习出勤和实习纪律的遵守情况；实习现场的表现和实习笔记的记录情况、笔记的完整性。

（2）实习报告：实习报告的完整性和准确性；实习的收获和体会。

（3）答辩：在生产现场随机口试；实习结束时抽题口试。

目　录

实训项目 1　LF 炉操作

实训目的与要求：

(1) 会熟练操作 LF 炉设备，制定 LF 炉的供电制度（二次电压、二次电流、有效功率、用电负荷的确定）；

(2) 会渣料加入量的计算及方法；

(3) 熟练计算合金加入量或喂丝量；

(4) 能准确确定氩气流量并熟练控制。

实训课时： 15 课时

实训考核内容：

(1) LF 炉的主要设备组成；

(2) 渣料加入量的计算；

(3) 合金加入量的计算或喂线量。

1.1　LF 炉主要设备

1.1.1　设备简介

100t 钢包精炼炉（以下简称 LF 炉），是用于精炼 100t 转炉所熔钢液的炉外冶炼设备，具有在非氧化性气氛下，通过电弧加热、造高碱度还原渣，进行钢液的脱氧、脱硫、合金化等冶金反应，以精炼钢液。为了使钢液与精炼渣充分接触，强化精炼反应，去除夹杂，促进钢液温度和合金成分的均匀化，通常从钢包底部吹氩搅拌。钢水到站后，将钢包移至精炼工位，加入合成渣料，降下石墨电极插入熔渣中对钢水进行埋弧加热，补偿精炼过程中的降温，同时进行底吹氩搅拌。它可以与电炉配合，取代电炉的还原期；也可以与氧气转炉配合，生产优质合金钢。同时，LF 还是连铸车间尤其是合金钢连铸车间不可缺少的钢液成分、温度控制及生产节奏调整的设备。

它具有电弧加热、吹氩搅拌、调整成分（包括添加合金、喂丝）等基本功能，是炼钢中提高钢种质量至关重要的关键工序。LF 炉设备（图 1-1）主要由以下几个部分构成：

(1) 钢包。它是盛装、吊运、加热钢液的主要设备，在钢包的底部带吹气搅拌装置。

(2) 精炼炉钢包车。它用于安放和运输钢包，它的行走采用变频调速。

(3) 液压装置。由 REXROTH 公司的泵、阀组成的液压控制系统，使用水—乙二醇抗燃液压油，主要完成加热炉盖升降、三相电极升降、三相电极夹持器的松紧等动作。

(4) 加热装置。加热装置由 18MV·A 变压器、短网、电极立柱、电极夹持器、加热炉盖及炉盖提升机构等组成，用于钢液的升温和保温。

（5）加料装置。加料装置用于加入渣料造渣精炼和添加合金材料调整钢液成分。由高位料仓、电磁振动给料器、布料器和料斗等组成。

（6）喂丝装置。喂丝装置通过喂丝进行终脱氧和夹杂物的变性处理。由线卷装载机、辊式喂线机、导管及控制系统等组成。

（7）除尘装置。除尘装置用于炉内烟气的清除。

（8）PLC 系统。LF 炉电气控制系统由 1 台 S5-135U 可编程控制器来完成，在主控室内安置 1 台 CRT 和 1 台工控机分别对电极升降控制系统和液压系统进行实时控制并通过CRT 操作画面进行监控，主操作台上还可对主变压器的供电控制、有载调压装置的分级控制、油水冷却器的运行控制等设备进行操作。

（9）水冷却循环系统。水冷却循环系统主要为炉盖、水冷电缆及电极夹持器等水冷部件提供循环冷却水。

（10）氩（氮）气供给和输送系统。氩（氮）气供给和输送系统负责提供搅拌钢液用的氩（氮）气。

（11）压缩空气供给系统。压缩空气供给系统主要为气动元件供气。

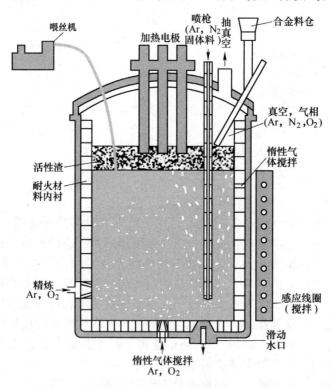

图 1-1　LF 炉设备

1.1.2　设备主要技术参数

1.1.2.1　主体设备主要技术参数

变压器容量：20MV·A；

变压器电压：231V，237V，259V，267V，276V，285V，295V，306V，318V，330V，344V；

变压器电流：最大38000A；

升温速度：3.5℃/min（276V，35000A），4℃/min（295V，35000A）；

电极直径：ϕ450mm；

电极极心圆直径：ϕ700mm；

电极升降行程：3000mm；

电极夹持力：22t；

炉盖行程：650mm。

1.1.2.2 液压技术参数

液压工作介质：水—乙二醇；

油箱容量：2500L；

液压系统工作压力：一级13MPa，二级6MPa；

电机型号：

    Y225S-4（37kW，1470r/min）×2，

    Y112M-6（2.2kW，940r/min）×1；

液压泵型号：

    二级恒压变量泵：EA4VSO127DR/10R-PPB13N00-S0127，

    流量：2×180L/min，

    叶片泵：T6C-002-2R00，

    流量：1×10L/min。

1.1.2.3 钢包主要技术参数

钢包公称容量	110t
钢包最大容量	120t
钢包最小容量	100t
钢包上口内径	2750mm
钢包高度	3300mm
最小净空	500mm
钢包总质量	50t

1.1.2.4 钢包车主要技术参数

钢包车载重：200t；

钢包车自重：41.79t；

电机：YVP225M-8，N=22kW；

钢包车调速方式：变频调速；

钢包车行走速度：2～22m/min；

车轮直径：800mm；

速比：i=80；

轨距：4000mm,

　　　　　6190mm;

轨道型号：QU120 重轨。

1.1.2.5　PLC 功能描述

精炼炉的所有液压控制使用一台 S5-135U 可编程控制器来进行全过程的操作控制：

(1) 在主操作室 CRT 操作画面上将显示出液压站控制系统画面操作，其中包括：

1 号液压泵启动操作

2 号液压泵启动操作

输液泵启动操作

加液泵启动操作

1 号泵二级压力选择

2 号泵二级压力选择

PLC 均参与之间的联锁控制和自动控制

(2) 在主操作室 CRT 操作画面上将显示出液压站监控画面，其中包括：

1 号液压泵出口压力

2 号液压泵出口压力

电极升降缸压力

炉盖提升缸压力

真空阀缸压力

电极放松缸压力

液压泵进出口温度

油箱温度

油箱液位

管路压力

(3) 在主操作室 CRT 操作画面上设置报警系统画面组，当出现报警信号时，操作人员立即处理，其中包括：

1 号液压泵启动及联锁报警

2 号液压泵启动及联锁报警

油箱运行报警

输液泵启动及联锁报警

加液泵启动及联锁报警

(4) 在主操作室 CRT 操作画面中显示 LF 炉水冷系统监控画面，其中包括：

三相电极夹持器冷却水出水流量

水冷电缆冷却水出水流量和温度

主变压器冷却水进水压力和出水压力

冷却水总出水流量、压力和温度

炉盖冷却水总进水流量、压力和温度

炉盖冷却水六支路出水流量

（5）精炼炉吹氩量控制，可在 CRT 操作画面中设定参数，其中包括：

吹氩流量设定

吹氩压力设定

氩气流量调节

氩气压力调节

CRT 操作画面中将显示出吹氩的启动与结束信号，并显示出实时的氩气压力和流量的工况条件。

吹氩（氮）控制在操作室内操作台上先进行吹氩（氮）压力设定，然后按动吹氩（氮）按钮，进行吹氩（氮），流量可在操作台上的流量表上显示，也可在 CRT 操作画面上进行设定。

（6）在主操作室内 CRT 操作画面中设有报警系统画面组，当出现报警画面信号时，将自动打印报警表和报警点，操作人员必须立即处理。报警系统有七个报警画面，分别为：

电极升降控制报警系统

变压器运行报警系统

高压供电运行报警系统

氩气流量控制报警系统

冷却水报警系统

夹持器操作报警系统

钢包车运行报警系统

（7）在主操作室室内 CRT 操作画面中还显示出趋势分析图表，其中包括：

氩气流量、功率曲线趋势图

钢液升温、功率曲线趋势图

三相电极功率平衡趋势图

主变压器温升趋势图

（8）在主操作室室内 CRT 操作画面中可显示出 LF 炉主变压器监控画面，其中包括：

主变压器轻瓦斯

主变压器重瓦斯

主变压器油温

主变压器油循环压力

1 号油水冷却器启动

2 号油水冷却器启动

冷却器电源合闸信号

油流继电器动作信号

水流继电器动作信号

油水冷却器渗漏信号

调压开关油位限位动作信号

调压开关压力继电器动作信号

调压开关分级电压信号

（9）在主操作室内 CRT 操作画面中显示出高压系统运行监控画面，其中包括：

受电柜 1DL 开关分合闸信号

受电柜 1DL 过电流保护信号

馈电柜 3DL 开关分合闸信号

馈电柜 4DL 开关分合闸信号

馈电柜 3DL、4DL 过电流信号

馈电柜 3DL、4DL 过负载信号

测温、取样的控制是通过 PLC 来完成的，它有两个位置：一是工作位；一是垂直位，是通过液压缸的伸缩达到的，在现场设置操作台，可选择插入深度三挡控制和插入时间控制，测温、取样枪现场位置分别安装三组限位开关，分别控制枪的工作位置深度位置。

1.1.3　设备操作规程

1.1.3.1　对操作人员的要求

（1）操作人员应熟悉掌握所有冷却水、压缩空气、氩（氮）气等阀门位置；掌握控制电源总开关的位置，要了解各限位开关和 LF 炉各部分的动作关系、联锁关系，学会一些事故的应急处理方法。

（2）操作人员必须按照安全规程对设备进行操作。

（3）严格执行规定的停、送电制度，确保安全用电。

（4）所有设备启动前，均应了解启动前的状态和应处于的状态。

（5）所有设备操作完毕，均应把操作开关放置零位，并切断相应的电源。

（6）要经常保持设备和控制室清洁，严格执行"班班清"制度。

1.1.3.2　开炉前准备工作

（1）对水冷却循环系统的要求如下：

1）操作人员应开启所有水冷却装置的进、回水阀门，并通过回水量的大小判断阀门开启的程度。

2）检查水冷部件及各类水管，不得有跑、冒、滴、漏的现象。

3）开启压缩空气、氩（氮）气阀门，检查供气情况，确保供气正常。

（2）加热炉盖、电极、钢包车定位的位置正确，无漂移现象，若有偏差需及时加以纠正，并转告机修人员检修，各限位开关发讯正常。

（3）设备各液压硬管、软管、气管、各液压执行元件无跑、冒、滴、漏的现象。

（4）设备本体上无杂物，各操作柜、开关箱、电气按钮上无积灰，电极夹持器上无积灰，各绝缘板连接处无积灰。

（5）设备各部件处于正常状态。

（6）除尘设备运行处于正常状态。

1.1.3.3　液压设备操作

（1）操作手柄选择操作方式（操作方式有两种：1）操作室操作；2）液压站内操

作），选择方式1）在主操作台上可启动1号主泵（KG3-1）或者2号（KG3-2）主泵，不得同时启动。

（2）按动按钮，开泵。

（3）系统启动后，进入正常工作状态，操作人员必须密切注意系统工作状态。在操作台上有两个指示灯显示，一个是液压正常显示（DGI），另一个是故障显示（DRI）。

（4）系统发出报警信号，操作人员必须及时通知维修人员予以解决。

（5）系统发生故障，操作人员应协助维修人员，使设备回复到安全位置再行排障，不得擅自强行操作设备。

（6）发生重大事故或设备断电时，操作人员可使用就近的紧急手动装置，使设备处于安全状态。紧急按钮在操作室和炉前操作台上均安置。

1.1.3.4 钢包车操作

（1）钢包车在炉前操作台操作，操作钢包车前，必须先清除轨道上的垃圾杂物。并要看清平车附近有无人，运行过程中操作人员不得离开，随时观察现场情况，发生紧急事故，应立即停车或采取相应措施。

（2）操作钢包车前，必须将加热炉盖，电极升至预定位置，联锁功能由PLC完成，炉盖上下限位可在炉前操作台上显示。

（3）转KG2-1使钢包车至受包工位，放钢水包（在受包工位喂丝与否，由冶炼工艺确定）；然后再开至加热工位。

（4）冶炼完毕，电极、炉盖至高位时，方可启动钢包车至吊包工位，吊运钢包、吊包结束，必须将钢包车开回受包工位。

（5）若遇到满包钢包车不能启动等事故状态，必须紧急采用必要手段（如行车拖动等），将钢包车移至吊包工位。

（6）因为钢包车采用变频调速，从受包工位至加热工位，钢包车将加速—快速—碰到XK2-1限位后匀减速—碰到XK2-2限位后停止，此时，钢包车位置与准确位置尚有误差，由操作人员点动调整。钢包车的运行操作在炉前操作台上设有两种控制方式，通过转换开关KG1-1切换，一种是手动，无限位功能与调速功能；一种是自动，具有限位参与和调速功能，变频器的正常和故障均可通过炉前操作台的指示灯显示出来。为避免误操作，在炉前操作台上设置受包LF-VD切换开关KG4-1，自动操作运行前必须切换此开关。

1.1.3.5 加热炉盖升降（炉前操作台）

（1）只有钢包车准确定位，炉盖才能下降。

（2）在提升加热炉盖前，须先将电极夹持器升至最高位，严禁炉盖与电极同时升起，以免电极碰断。

（3）加热炉盖在提升时，要密切注意加料溜管在套筒中的伸缩，防止卡住，引起变形。

（4）炉盖升降操作均在炉前操作台上进行，转动炉盖提升（或下降）开关KG2-5，使炉盖上升（或下降），要求炉盖升降要平稳，无冲击现象；松开开关时，要求炉盖静止迅速，无漂移现象，炉盖上升上限位（或下降下限位）指示灯DG-19亮，表示炉盖上升

（或下降）操作结束。

1.1.3.6　电极升降（均在主操作室内操作台上进行）

（1）电极升降控制系统使用单独一台 S5-135U 可编程序控制器来完成，全过程的自动控制，用 PLC 输出驱动液压比例阀调整，各调节参数选择可通过 CRT 操作画面选择，三相电极自动升降系统设有点弧操作控制、功率自动控制和手动控制，CRT 操作画面中将动态显示出三相弧压、三相弧流、三相有功功率、耗电量、三相电极位置实际值。

（2）通电前，必须检查电极升降导轨及导向轮是否有垃圾和异物，若有需及时清除，以免电极升降时卡住。

（3）选择自动挡，按动高压通电按钮 HA，三相电极自动下降，PLC 将自动控制三相电极的点弧功能。在冶炼过程中，如要切换二次电压，必须将三相电极扳到手动位置，手动升起三相电极，使冶炼电流小于 5kA 时，方可操作有载调压装置转动 KG5-1 开关进行二次电压切换，操作完毕后必须按调压确认按钮 AN2-1。冶炼电流和功率的选择，可在操作台上电流设定值转换开关 KG5-2 上选择，还可在 CRT 操作画面中设定。

（4）冶炼操作时，若发现电极升降不正常，应立即将自动挡切换至手动挡，利用手动操作转动 KG2-X（X 为"1"或"2"或"3"），将电极升起，此操作在操作台上操作。

（5）合高压时，必须把操作台上的连锁开关 YA 锁定，才能通过合闸按钮，合上高压 3GG、4GG 开关。

1.1.3.7　加料操作

（1）加料操作前，必须先在炉前操作台上转动闸板气缸关闭开关 KG3-3，使闸板关闭。

（2）将取样分析后所需的合金料规格及数量经上料计算机送到上料系统 PLC，直接由上料系统配料。

（3）当通过 4 号皮带机输送过来的合金料已全部集中到 LF 炉总加料仓，并且在 LF 操作室计算机 CRT 画面中显示出上料结束信号后，方可进行加料操作。

（4）加料操作：在炉前操作台上转动闸板气缸开启开关 KG3-3，使闸板打开，合金料通过溜管进入钢包。

（5）加料完毕，及时关闭闸板，避免皮带受热变形。

1.1.3.8　电极调换

（1）电极烧损：在室内操作台上，必须先按 TA 按钮切断高压供电电源，然后操作工通过行车配合，吊紧电极，通过 KG1-3 选择，后改手动，将 KG3-5 或 KG3-6 或 KG3-7 选择松，电极夹头将被打开，此时放下电极后，选择开关复位，电极又被夹紧。

（2）电极接长：

1）提升电极，使电极上端部上升至 +11.5m 平台。

2）在行车配合下，连接电极接头并接上新电极。

3）按（1）的操作步骤操作即可。

1.1.3.9 喂丝操作（受包工位喂丝操作）

（1）当钢包车受包完毕需喂丝操作时，操作喂丝小车移动，使喂丝导管对准钢包。

（2）操作喂丝机进行喂丝操作。

（3）喂丝完毕，将喂丝小车开回原位。

1.1.4 操作注意事项

（1）确认在停电情况下，调换"停电牌"后才能进行如下操作：电极接长、炉盖升降、接触导电部位、其他必须停电的、操作检查等。

（2）在手动操纵电极升降或电极调换时，必须分清三相电极与按钮的一一对应关系，防止误操作，引起质量事故。

（3）发现水冷部位有漏水现象，应及时处理。

（4）精炼炉变压器严禁超负荷使用，二次冶炼电流为36kA。

（5）液压缸及液压管路周围不得安放温度大于80℃的物件，更严禁直接放置在上面。

（6）当发现油缸、导线、电缆等在使用过程中有异声、冒烟或液压管路有泄漏现象时，必须立即停用并通知检修人员处理。

（7）发现控制开关在零位，而油缸等仍继续有动作时，应立即拉脱控制台总电源，并立即通知检修人员处理。

（8）若全部操作工离开钢包炉现场，停炉时，必须请值班电工停去高压电源和控制电源，否则现场必须有留守人员。

1.1.5 设备维护规程

1.1.5.1 机械设备维护规程

（1）设备维护人员应根据规定对LF炉设备进行日常点检维护和定期维护。

（2）日常点检维护按照点检标准分工维护，发现设备问题，应及时处理。

（3）定期维护一般每周一次，维护内容如下：

1）检查电极升降运行情况：

①电极升降油缸有否异常，连接部位是否牢固，软管接头是否松动、泄漏，如有应立即检修。

②电极升降立柱导轨面的磨损情况，导向轮与导轨接触情况是否良好，导向轮运行有否异声、松动，螺栓是否坚固，是否良好润滑。

③检查上下限位块是否完整，限位装置是否灵活、可靠。

2）检查炉盖升降运行情况：

①炉盖升降链条有否变形、伸长、裂缝，有异常立即更换。

②炉盖升降油缸有否异常，连接部位是否牢固，软管接头是否松动、泄漏，如有应立即检修。

③各链轮是否转动灵活，各连接销子有否松动。

3）检查加热炉盖情况：

①水冷圈环有无渗漏，水冷管接头螺纹是否完整，接头位置是否正确。

②检查炉盖吊攀的压板/销轴/销孔和吊攀，要求：压板位置正确，压板螺丝不缺省；销轴不磨损，不弯曲；销孔不拉长；吊攀不变形，相对活动灵活。

③各水冷金属软管有无渗漏、破损。

4）检查加料装置运行情况：

①闸板伸缩缸有否异常，连接部位是否牢固，软管接头是否松动、泄漏，如有应立即检修。

②闸板阀伸缩是否正常，闸板是否有变形、卡阻现象。

③加料溜管、套管有否变形，升降灵活无卡阻。

④检查气动组合件、电磁换向阀的情况，包括各接口有否渗漏，电磁换向阀阀芯有否卡阻。

5）检查电极夹持器的情况：

①电极夹紧装置运行有否卡阻现象，各连接部分是否完整牢固。

②电极夹持器的绝缘性能是否良好，绝缘螺栓是否坚固。

③必须及时清除电极夹持器上的积灰。

6）检查导向装置，要求：导向轮旋转灵活；导向杆伸缩自如；弹簧起作用；各螺栓紧固。

7）微调机构中的螺杆旋转是否灵活，轴承的润滑是否良好。

8）检查钢包车运行情况：

①钢包车车轮与轨道的接触情况，要求：仅允许被动轮中的一个车轮在无载运行时与轨道的间隙在小于 0.5mm 的公差范围内，重载时四轮同时受力，两主动轮同步起动，运行无扭动，单只车轮用手盘动时无轻重现象，车轮对角线公差小于 3mm；车轮垂直度公差小于 2mm；轮距公差小于 3mm。

②检查各限位开关的情况，要求：定位准确可靠；限位开关旋转灵活；各限位块完整。

③必须及时清除轨道上的杂物，并检查轨道是否发生水平或垂直错位。

9）其他：

①检查各金属结构件的变形，连接情况（包括焊缝）。

②检查各管道、各润滑点的密封情况，是否有跑、冒、滴、漏现象。

③检查各防护罩壳、栏杆以及其他安全设施是否齐全。

④检查设备运行性能；每班一次按工艺操作要求进行，确认无异常现象。

（4）认真做好检查记录，做到有据可查。

1.1.5.2 电气设备维护规程

（1）维护人员必须掌握本设备的技术性能及注意事项。

（2）操作人员必须经常检查主变压器的运行情况：

1）检查主变压器运行温度情况不得超过有关规定。

2）检查主变压器顶部绝缘柱的污秽，裂缝与电缆之间的接触情况有否闪络痕迹和其他缺陷。

3）经常检查变压器水冷却是否畅通，是否有水渗漏现象。

4）检查有载调压装置动作是否灵活可靠，指示器指示是否与实际电压相符。

5）在主操作室的 CRT 操作画面中，要经常检查主变压器的各种监控显示状态，如主变压器轻重瓦斯、调压开关的油位和压力信号和分级电压信号等。

6）主变压器二次回路要经常检查铜管与补偿导线的接头发热情况，是否接头有水渗漏现象、冷却水是否畅通、水冷的出水温度是否在规定的范围里。

7）检查水冷电缆表面是否破损，冷却水是否畅通，是否有渗漏现象。

8）检查主变压器接地排是否有断裂现象。

9）操作人员必须每天检查主变压器水冷却装置的运行情况。

10）经常检查冷却装置油泵电动机的表面温度和轴承的转动噪声情况及运行情况。

11）操作人员必须认真检查油水冷却器、油循环和水循环的运行情况，必须做到油压大于水压，一旦发生异常，首先切断水路再做处理，并且经常从 CRT 操作画面中检查监控画面，内容包括：1 号、2 号油水冷却器油泵运转信号，冷却器电源合闸信号，油流继电器动作信号，水流继电器动作信号，油水冷却器渗漏信号。

（3）操作人员必须经常检查高配室的高压供电系统运行情况：

1）高压真空断路器的操作必须安全可靠、操作机构灵活，分合闸操作控制一次操作就到位。

2）在操作室与高配室内，各指示灯完好无损、二次仪表显示正常。

3）备用真空断路器必须能正常投入使用。

4）经常检查进线柜少油断路器，油面线充油正常。

5）经常检查高配室内的安全用具是否整齐、消防器材是否整全，是否能投入使用。

6）做好高配室内的清洁工作。

（4）经常检查钢包平车的运行状况：

1）交流变频器是否正常、是否有调速性能、变频器发热是否严重。

2）交流电动机表面温度是否超标、制动器是否正常打开、软电缆坦克链是否正常滚动，是否有卡住现象。

3）平车限位装置是否有损坏、限位开关是否灵活可靠，碰撞装置是否损坏。

4）钢包车定位情况是否正常，两侧的限位开关是否到位。

5）炉盖升降系统中的限位开关是否灵活可靠。

6）经常检查气动加料阀和炉盖孔阀的动作是否正常启用。

7）吹氩量控制在 CRT 操作画面中能正确反映实际工况条件，各参数都能修正、电动调节阀响应正常、并随时观察氩气的压力和流量的变化情况。

（5）经常检查电极升降系统的控制状况：

1）三相电极手自动操作都能正常使用、调节的速度都在原设定的范围内、制动性能良好，电极无滑动的现象。

2）在 CRT 操作画面上都能使用调节参数的选择，CRT 画面上显示的各动态数据与实际使用值相符。

3）PLC 点弧操作控制无失控现象。

4）电极升降的旋转编码器正常无损，与机械装置旋转同步数据反映正确。

5）电极升降备用液压比例阀能随时正常投入使用。

6）三相接电极装置操作顺序正常，操作时无电极脱落现象；电极升降系统使用 PLC 可编程控制器使用正常；输入输出模板显示灯正常反映实时的工况条件。

1.2　LF 炉技术操作规程

1.2.1　LF 炉精炼功能及作业内容

LF 精炼炉主要是对转炉粗炼的钢水进行精炼，对钢水进行加热、脱氧、脱硫、去夹杂、成分微调、精确控制温度和对夹杂物进行变性处理，并具有协调转炉和连铸生产的功能，是冶炼品种钢的关键设备。LF 炉的具体功能有：电弧加热升温；钢液合金化实现成分微调；钢液的脱氧和脱硫；连续自动吹氩均匀钢水成分及温度；去除有害气体及夹杂物；作为初炼炉与连铸间的缓冲设备，保证初炼炉与连铸机的匹配生产，实现多炉连浇。

LF 炉主要作业有：指挥天车吊运钢水，接卸吹氩管，测温，取样送样，取渣样，向钢包中加电石、铝粒、增碳剂、覆盖剂，换线、喂线作业，换电极和接电极作业，一级和二级画面操作，冶炼品种钢时手工加贵重合金，各种原材料的准备，清渣及现场 8S 管理。

1.2.2　LF 精炼作业流程及作业过程要求

1.2.2.1　作业流程

钢水吊至 LF 吊包位→座包、自动接通吹氩管→开始底吹氩→钢包车开至加热工位→下降炉盖→测温→下电极→加热→加渣料造渣抬电极→测温取样→加第一批脱氧剂及补充渣料→加合金、炭粉微调加第二批脱氧剂（渣白）→加热→测温调整供电制度→精炼控制温度→喂丝软吹氩搅拌→测温取样→抬炉盖→加保温剂→钢包开至吊包工位→软吹→加保温剂→钢包吊至 VD 或 CC。

1.2.2.2　作业过程要求

（1）生产前的准备：接班了解上班生产及设备运行情况，交班炉数、钢种、钢包号及包况，钢包所在位置，正在精炼的这炉钢水的加料数量及种类，取样情况，向原料了解各种合金料的成分及生产厂家。

（2）吊包工座好包，接通氩气管后通知操作室的操作工：钢包从哪吊来的及钢包号，开氩气吹开渣壳（吹开渣壳使用氩气流量（标态）800L/min）。平台操作工观察包沿粘渣、钢包吹氩情况、炉渣状况确认符合条件后方可精炼。吹开渣壳后立即将氩气流量（标态）调至 100L/min，等待精炼。

（3）测温：进站后测温，如有渣壳加热时间不得超过 5min，必须测温（测温点氩气搅拌区，插入时间 5～7s，插入深度 300～400mm，测温氩气流量（标态）200L/min，停电搅拌 1min 后，搅拌氩气流量（标态）400～500L/min）。

（4）送电加热：起弧使用最低挡级电压、电流，电弧、电极稳定后，方可调高电压挡级

（起弧使用氩气流量（标态）100~200L/min，加热使用氩气流量（标态）200~300L/min）。

（5）造渣：石灰600kg，改质剂100kg，石灰分两批加入，避免石灰结砣，加热6min停电，将氩气流量（标态）调至500~600L/min，强搅拌1min，粘渣，观察渣况并测温，根据渣况补加适量渣料、改质剂或电石。确保造好白渣，稀稠合适，具有足够的吸附夹杂物能力（根据所炼钢种的不同，按照要求调整渣料数量和种类）。电石、铝粒严禁成袋加入。

（6）取样、送样：渣调至黄白渣方可取样（加热停止搅拌3min后方可取样，增碳、合金微调搅拌4min后方可取样，取样位置，氩气搅拌区，插入深度300~400mm，插入时间5~7s，取样氩气流量（标态）200~300L/min），确认试样合格后，贴好标签，正确使用触摸屏，将试样发送到化验室。

（7）合金微调：收到精炼样成分到后方可调合金，调合金、增碳时应考虑氩站所加合金数量、增碳剂数量（调成分时按中下限调整，严禁按中上限调整，避免成分超上限，造成成分出格和成本升高，严禁钢包进站加合金）。硼铁、钛铁喂钙铁线前一次加入。

（8）喂线：喂线导管距渣面500mm，保证线垂直进入钢液。喂线前必须确认渣况，保证黄白渣下喂线。喂线速度240~260m/min，喂铝线氩气搅拌流量（标态）200~300L/min，喂硅钙线或钙铁线氩气搅拌流量（标态）50~100L/min。先喂铝线后喂硅钙线或钙铁线，喂完线后氩气流量（标态）200L/min搅拌1min后方可取样（铝线必须经计算确定喂线长度）。

（9）软搅拌：软搅拌效果渣面涌动、不裸露钢液面。搅拌流量（标态）50~100L/min，根据实际情况调整流量大小，保证软搅拌时间。

（10）除尘：根据精炼阶段不同适当调整阀门开口度，保持炉内还原性气氛，保证不冒烟。

（11）上钢温度控制：根据拉钢周期和钢包状况，确定合适的上钢温度，确保中间包温度合格。

1.2.3 LF精炼作业区域

LF精炼作业区域包括精炼各层平台、操作室、精炼跨、浇铸跨。

1.2.4 LF精炼作业操作程序和标准

1.2.4.1 岗位职责

（1）正确使用和保养设备。

（2）规范作业，做好生产事故的预防和处理工作。

（3）及时向转炉、吹氩站、RH炉、调度等沟通生产信息，向连铸提供合格的钢水。

（4）做到文明生产，安全生产和环保达标。

1.2.4.2 精炼炉原材料技术要求

A 造渣材料

造渣材料主要使用精炼渣、活性石灰和萤石。

（1）活性石灰：应新鲜干燥，粒度20~50mm，密度1.7~2.0g/cm³。在料仓内储存不超过 2 天，不得混入外来杂物。其理化指标见表 1-1。

表 1-1　活性石灰的理化指标

指　标		CaO/%	SiO₂/%	MgO/%	S/%	P/%	生过烧率/%	活性/mL
类别	一级品	≥90	≤2.5	<5	≤0.10	≤0.10	≤4	≥300
	二级品	≥85	≤3.5	<5	≤0.15	≤0.15	≤4	≥250

（2）萤石：执行国标 YB/T 5217，粒度 10～30mm，水分不大于 0.4%，不得混有泥土等杂质，杂质物总量低于 5%。其理化指标见表 1-2。

表 1-2　萤石的理化指标　　　　　　　　　　（%）

指标	CaF₂	SiO₂	P	S	水分	粒度/mm
数值	≥85	≤5	≤0.06	≤0.10	<2	5～50

（3）精炼渣脱硫剂：按企业标准执行，常采用 CaO-Al₂O₃ 渣系。

B　铁合金

（1）硅铁：执行标准 GB/T 2272，粒度 10～30mm，水分不大于 0.5%。

（2）锰铁：执行标准 GB/T 3795，粒度 10～30mm，水分不大于 0.5%。

（3）硅锰铁：执行标准 GB/T 4008，粒度 10～30mm，水分不大于 0.5%。

（4）钒铁、铌铁：执行标准 GB/T 5683，粒度 10～50mm，水分不大于 0.5%（炼合金钢用）。

各铁合金成分见表 1-3。

表 1-3　各铁合金成分　　　　　　　　　　　（%）

名称/成分	牌号	C	Si	Mn	P	S	Al	V	Nb
硅铁	FeSi72Al2.0-A	≤0.2	70～75	≤0.5	<0.04	<0.2	≤2.0		
硅锰	FeMn65Si17	≤1.8	17～20	65～72	<0.20	<0.04			
高碳锰铁	FeMn78C8.0	≤8	≤4.5	75～80	≤0.4	<0.03			
中碳锰铁	FeMn78C2.0	≤2.0	≤1.5	75～82	≤0.2	<0.03			
钒铁	FeV50-A	≤0.75	≤2.5	≤0.5	≤0.1	<0.05		≥50	
铌铁	FeNb60-A	≤0.04	≤0.4		≤0.02	≤0.02	Ta≤0.5		60～70

C　扩散脱氧剂

钢包精炼炉扩散脱氧剂主要使用 Si-C 粉、Al 粉、CaC₂ 等：

（1）硅铁粉：执行标准 GB/T 2272，FeSi75，粒度 0～2mm，水分不大于 0.5%。

（2）炭粉：执行标准 GB/T 1996，Ⅰ类 粒度 0～2mm，水分不大于 0.5%。

（3）碳化硅粉：执行企业标准，其中 Si≥60%，C≥18%，Si、C 总含量不小于 80%，粒度 0～2mm，水分不大于 0.5%，不得混有泥土等杂质，杂质总量低于 5%。其理化指标见表 1-4。

表 1-4　碳化硅粉的理化指标　　　　　　　　（%）

指标	SiC	游离碳	SiO₂	P	S	粒度/mm
数值	60～66	10～20	≤15	≤0.01	≤0.01	1～5

（4）碳化钙粒：执行标准 GB/T 10665，二级品以上，粒度 2～5mm，水分不大于 0.4%，要求干燥，采用双层塑料袋密封包装，注意防潮，如果潮解严重，应严禁使用。其理化指标见表 1-5。

表 1-5 碳化钙的理化指标

指标	CaC₂/%	CaO/%	发气量/L·kg⁻¹	粒度/mm
数值	≥82	≤10	≥310	5～15

（5）铝粉：执行标准 GB/T 2085 粒度 1～3mm，防潮包装（常规冶炼不用，只做强脱氧用）。其理化指标见表 1-6。

表 1-6 铝粉的理化指标

指标	Al/%	Si/%	粒度/mm
数值	≥90.0	≤1.0	2～5

（6）硅钙粉：执行标准 GB/T 133419，粒度 0～2mm，采用 Ca28Si60 牌号，水分不大于 0.5%（只作终脱氧和钙处理用）。

（7）脱氧剂组合：

1）炭粉:硅铁粉 = 1:2；

2）全部碳化硅粉；

3）碳化钙粒（电石）：辅助加入；

4）铝粉：冶炼低硅钢时加入。

注：脱氧剂使用时组合 1）或 2）任选一种。组合 3）可作为强化脱氧时补充加入。

D 增碳剂

增碳剂按企业标准或冶金焦炭标准执行，粒度为小于 0.5mm 与大于 4mm 之和不高于 10%；干燥无杂物，采用塑料袋包装，10kg/袋。其理化指标见表 1-7。

表 1-7 增碳剂的理化指标

指标	固定碳/%	S/%	灰分/%	水分/%	粒度/mm
数值	≥95	≤0.3	≤1	≤0.5	0.5～4

E 高功率石墨电极

（1）理化指标（执行标准 YB/T 4089—2000），见表 1-8。

表 1-8 高功率石墨电极的理化指标

指标	直径/mm	电流密度/A·cm⁻²	灰分/%	体积密度/g·cm⁻³	电阻率/μΩ·m	长度/mm	重量/kg	热膨胀系数/℃⁻¹	长度公差/mm
数值	400	15～24	≤0.3	≥1.60	≤7.5	1800	540	≤2.4×10⁻⁶	±100

（2）电极表面掉块或孔洞不得多于两处。

（3）接头、接头孔及距孔底 100mm 以内的电极表面，不允许有孔洞和裂纹。

（4）电极表面不允许有横裂纹；宽 0.3～1.0mm 的纵裂纹，其长度不大于电极周长的

5%，且不多于两条。

F　包芯线

（1）理化指标见表 1-9。

表 1-9　包芯线的理化指标

项　目	牌号	Si/%	Ca/%	Al/%.	C/%	铁粉比	粉剂重量/g·m⁻¹
硅钙线	Ca31Si60	≥56	≥31		≤0.8	1:1.27	220
铝钙线	FeCa30Al5	<0.8	≥30	≥5	≤0.5	1:1.37	230
钙铁线	FeCa30	<0.8	≥30		≤0.5	1:1.44	250

（2）包芯线直径为 φ13mm。

（3）包芯线所使用钢带 0.35~0.4mm 厚，应去油污、除锈、表面光洁，包覆牢固，不漏粉，不开线。

G　铝线

铝线保存时应保持干燥，对于潮解氧化的铝线应严禁使用。其理化指标见表 1-10。

表 1-10　铝线的理化指标

直径/mm		化学成分/%		千米接头个数
公称尺寸	允许偏差	Al	Cu	
φ13	+0.4/-0	≥99.5	≤0.05	≤2

H　氩气

氩气执行标准 GB/T 4842，总管压力不大于 1.5MPa，氩气纯度大于 99.99%。

I　对转炉钢水的要求

（1）钢水成分：具体要求见表 1-11。

[P]：要求严格控制，保证出钢后钢包内的 P 含量低于规格上限 50%。

[C]、[Si]：要控制进限。

[Mn]：按中下限控制。

表 1-11　钢水成分要求

钢种目标成分		转炉工序成分	
		上限	下限
C	C≤0.10%	成品成分下限 +0.01%	成品成分下限 -0.03%
	0.10%<C≤0.25%	成品成分下限 +0.01%	成品成分下限 -0.04%
	C>0.25%	成品成分下限 +0.01%	成品成分下限 -0.07%
Si		成品成分下限 +0.02%	成品成分下限 -0.05%
Mn		成品成分下限 +0.05%	成品成分下限 -0.05%
P	成品 P≤0.030%	转炉 P≤0.018%	—
	成品 P≤0.025%	转炉 P≤0.015%	—
	成品 P≤0.020%	转炉 P≤0.010%	—

（2）钢水温度：转炉钢水到站温度以精炼第一次测温为依据，应符合各钢种工艺规程

要求，其温度不低于该钢种液相线温度以上30℃，可略高于连铸要求温度上限。

（3）钢包吹氩：转炉在出钢过程中要在线吹氩，直至钢包吊至钢水接收跨停止吹氩。

（4）连浇钢水必须在上一包钢水出LF炉时转炉出完钢，转炉出钢时不准下渣，确保钢包内的渣层厚度不大于30mm。

J 对精炼钢包的要求

（1）确保钢包内清洁干燥、包沿平整无结渣。

（2）钢包烘烤良好，保证红包出钢。

（3）检查精炼钢包的渣线部位侵蚀情况，确保包况良好。

（4）吹氩系统要求输气管道畅通，无漏气，底吹透气砖透气良好，必须保证透气砖残高不低于150mm，才允许进入LF炉处理。

K 钢包耐火材料

（1）包衬用高铝砖：执行标准GB 2995。

（2）钢包工作层用镁碳砖：执行标准YB 4074—91（也可用铝镁碳砖砌工作层、镁碳砖砌渣线）。

（3）钢包工作层也可用铝镁耐火散料：执行标准ZBQ 43001（整体打结用）。

（4）钢包透气砖：用铝刚玉材质，执行企业标准。

L 其他要求

出钢口维护良好，出钢不散流，严格执行挡渣出钢，控制下渣量（下渣量不大于5kg/t钢）。

1.2.4.3 LF精炼炉正常运转所需的条件

A 冷却水系统

（1）钢包精炼炉冷却水系统包括两部分：一部分供水冷炉盖和集烟除尘装置；另一部分冷却设备本体，包括变压器油水冷却、电极横臂及电缆等。

（2）检查冷却水流量、压力和温度显示符合要求，且管道畅通、无泄漏，阀门开启灵活，运转正常。

B 氩气系统

（1）检查氩气的供气压力不小于1.2MPa。

（2）检查管道有无漏气现象，事故报警系统是否正常。

C 测温取样系统

（1）检查测温系统，保证测温仪准确。

（2）检查定氧仪系统，定氧探头和取样器满足生产要求。

D 主要设备运行联锁条件

（1）高压合闸条件：液压系统正常，水冷系统正常，钢包车在标准工位，吹氩系统正常，炉盖离开上限位。

（2）钢包车动作条件：电极上升到位，炉盖上升到位，高压系统分闸。

E 其他条件

（1）包沿超高限位无报警情况。

（2）电极升降系统液压站正常运行。

（3）钢包车在接钢工位。

（4）炉盖及电极升降在高位，液压系统正常运行。

（5）各紧急开关复位。

（6）变压器油水冷却器至少有一台泵运行。

（7）高压开关在断开位。

（8）各系统无报警信号。

1.2.4.4　钢包精炼炉处理标准

A　处理周期

（1）LF 炉的冶炼周期为 30~40min。

（2）精炼钢包应在连铸上包浇完 5min 之前吊出。

（3）连铸要求时间变更时，要在原时间前 10min 下达。

B　温度标准

LF 炉处理后的温度应满足以下要求：

（1）吊包温度以各钢种工艺规程要求的温度为准。

（2）连铸改变吊包温度的要求必须在吊包前 10min 下达。

（3）吊包温度的范围波动在 ±5℃ 之内。

C　成分标准

以内控成分为标准。

1.2.4.5　精炼作业前的准备与确认

A　设备检查与确认

（1）根据岗检项目和标准（表 1-12）检查设备运行是否正常。

表 1-12　各岗检项目和标准

设　备　名　称	岗　检　标　准
炉盖上水气管线等设施	观察管线有无变形泄漏、气缸动作是否灵活
电极升降系统	观察立柱升降有无振动、液压缸有无漏油、导向轮是否转动
炉盖升降系统	观察立柱升降有无振动、液压缸有无漏油、导向轮是否转动；水气管路有无泄漏
电极及电极横臂	观察横臂有无变形、有无漏油漏水、电极夹紧装置动作是否灵活
钢包车及道轨	观察车轮是否啃轨、道轨螺栓是否松动，听减速机、车轮轴承运行是否有异常响声；底吹自动接头有无密封圈
合金加料装置	观察气动元件动作是否灵活、溜槽是否有泄漏
喂丝机系统	观察气缸动作是否灵活、夹送轮是否打滑、丝线导向装置升降动作是否有卡阻、有无漏水、有无漏气；水冷导管有无漏水
测温取样装置	观察升降机构动作是否有卡阻、气缸是否动作灵活，手动测温枪连接导线有无损坏、信号是否正常
事故吹氩装置	观察升降机构动作是否正常；液压缸是否漏油
液压、润滑系统	听泵、阀运行是否有异常声音，观察系统是否有泄漏

（2）岗检标准及岗检路线：

1）岗检人员：操作工巡检，接班岗检1次。

2）岗检路线：钢包车—炉盖升降系统—电极升降系统—自动测温取样枪—事故氩枪—喂线机—铁合金加料系统。

3）岗检安全注意事项：

①本着岗位危险预知的原则，严格执行设备巡视点检制度，按点检路线巡视设备，巡视过程执行安全确认制。

②运行中的设备，不得接触运转部位，对可能发生的设备隐患，必须在停机状态下进行检查确认。

③设备故障在动态下检查确认时必须两人以上，采取必要的安全措施。

④岗检过程中发现设备隐患要及时通知当班钳工处理，不能处理的要及时上报。

⑤岗检过程中，女同志要把头发放在工作帽内。

B　生产交接班

（1）检查交接班物料数量是否符合要求。

（2）了解上班生产及设备运行情况，交班炉数、钢种、钢包号及包况，钢包所在位置，正在精炼的这炉钢水的加料数量及种类，取样情况。

（3）贵重合金盘库交接班。

（4）检查电极是否符合交接班要求。

C　现场8S交接班

（1）检查操作室卫生、物品摆放是否符合要求。

（2）检查物料摆放区、钢包车、渣道及地面卫生区是否干净，原材料摆放是否整齐、规范。

（3）检查6.8m及11m平台卫生及物品摆放是否符合要求。

D　安全生产确认

（1）检查炉盖、冷却水管有无漏水、渣道有无积水。

（2）生产现场及设备有无安全隐患。

E　具体岗位生产前的准备

（1）精炼炉长：

1）精炼炉氩气压力、除尘风机、液压系统、加热系统、加料系统是否正常，检查各操作开关按钮位置是否正确。

2）检查三相电极接缝有无缝隙或脱扣，如有缝隙或脱扣（肉眼可见）通知调度安排时间拧紧，以防电极脱落。

3）检查水冷炉盖内部溅渣情况及是否漏水，炉盖升降是否正常，各气动阀门动作正常。

4）检查高压供电系统是否正常，如有异常及时通知有关人员处理，严禁设备异常送电精炼。

5）了解当班的生产计划及品种安排、转炉的生产情况（包括出钢温度及成分，下渣情况）、钢包情况、连铸生产情况。

（2）精炼主控：

1）检查各选择开关位置是否正确，各种仪表显示是否正常，指示信号是否正常。

2）检查和确认各种按钮、选择开关、联锁装置、显示仪表、指示灯是否灵活准确，风水电气是否正常。

3）检查炉盖升降、电极升降是否灵活、可靠；检查电极的长度及侵蚀情况，升降正常。

4）做好各项检查记录。

（3）精炼工：

1）检查精炼所用的造渣材料是否充足到位，并确认合金成分（炼优质钢及合金钢时合金应烘烤干燥），钢包覆盖剂是否充足。

2）检查氩气系统及各种能源介质系统是否正常，其流量、压力等参数是否符合要求，管道是否畅通、无泄漏，各阀门开启灵活，运转正常，出现异常通知有关人员处理。

3）炉盖水冷系统，导电铜臂、电极夹钳等无漏水现象。

4）检查炉盖耐火材料使用情况，特别是电极孔周围耐火材料能否继续使用。

5）检查喂丝机工作是否正常，各类包芯线数量充足，成分明确，安装到位。

6）确认钢包车行走正常，停启位置准确，轨道内无障碍物。

7）检查确认测温、定氧、取样装置工作正常，定氧探头、取样器数量是否充足。

1.2.4.6　精炼作业具体操作程序和标准

A　接班

（1）班前按规定穿戴好劳防用品，提前十分钟上岗。

（2）对口交接班，认真听取交班人员叙述上班设备仪表等运行状况。同时对重点设备遗留问题等进行共同点检，各项检查认可后方可在交接班本上签字。

B　作业前的准备

（1）了解当班生产计划，包括精炼炉数，冶炼钢种等。

（2）了解转炉出钢钢种、温度、成分及挡渣情况。

（3）确认所需原材料和工器具符合使用要求且数量够用以及干燥。

（4）确认各设备仪表运行情况，包括操作台上各开关，按（旋）钮是否完整，好用；吹氩阀门开闭是否自如，氩气表是否显示正常；废钢震动装置是否完好；测温枪、定氧枪及显示系统是否正常；底吹氩软管、阀门、快速接头是否备齐，好用；喂丝机显示仪表是否正常，喂丝导管能否升降，导管是否堵塞，喂丝是否顺畅。

（5）确认风动送样，各机械电器等设备正常，以及冷却水、氩气、压缩空气、液压等介质满足使用要求，发现问题及时处理。

C　吹氩站作业

a　吹氩操作

（1）吹氩前了解转炉冶炼钢种和连铸平台钢水情况，确认本次所需出站温度。吹氩必须等插管人走开至安全位置后进行。

（2）高碳钢要求放钢全程吹氩。渣洗工艺钢水到站后，吹氩 2 ~ 3min 后测温、取 YQ

样，确保顶渣熔化均匀。钢水到站必须检查底吹氩情况，若有底吹不通，及时通知调度或精炼炉确认是否倒包，同时判断是钢包原因还是底吹管原因。

（3）直接上连铸钢水在氩站吹氩时间必须不少于6min；1号机要求平台钢水在小于或等于115t时放钢必须开气，2号机、3号机要求平台钢水在小于或等于110t时放钢必须开气。如到站钢水温度高，加废钢调温后吹氩时间必须不低于3min。

（4）喂完线后软吹氩时间必须不低于2min。

（5）出站钢水必须有专人监督出站，在钢水完全平静后再指挥炉下人员拔底吹管。

b 测温（定氧）取样作业

（1）安装好测温（定氧）偶头与取样器，并确认导通良好，信号正常。要探头干燥且无破损插紧。钢水到站吹氩2min后测温取氩前样、定到站［O］，定［O］前须关闭氩气待钢液面平静后进行。

（2）测温取样定氧时要站在测温口两侧，防止火焰喷出或钢渣溅出伤人。

（3）作业时应保证浸入时间5s，测温枪插入深度不小于300mm。

（4）取样后用水冷却，确认试样无缺陷后，将试样和小票送至炉前化验室分析。

c 喂丝脱氧操作（对于直接上连铸的钢水进行的操作）

（1）喂丝前通知炉下人员避开，防止钢水和渣飞溅伤人。

（2）钢水到站吹氩2min后根据钢种要求进行喂丝处理：

1）对于直接上1号机钢种：如ZBP11、ZBP22等，根据抽查定氧或转炉下渣、终点［C］等情况决定喂丝量：定氧值低于50ppm或［C］>0.08%，喂入CaFe线150~200m，不喂Al线；定氧值不小于50ppm或［C］≤0.06%，下渣多，立即喂Al线30~60m，出站前喂入CaFe线150~200m。如节奏紧张，在氩站停留时间小于6min，则不喂Al线，在出站前喂CaFe线200m。要求出站目标［O］为50ppm以下。

2）对于方坯XQ195、Q175、H08A等钢种：

①根据定氧值一次喂足Al线量。喂入Al线量为根据以下公式计算：

［O］≥100ppm，喂线量=75+（［O］-100）×2（单位为m）；

［O］≤100ppm，喂线量=（［O］-50）×2（单位为m）。

②喂完线后3min进行第二次定氧。出站前喂入CaFe线，CaFe线喂入量：XQ195、Q175、H08A等钢种；喂CaFe线200~350m（到站温度高取上限）。

③到站［O］≥150ppm时，按20ppm/20kg铝锰铁或20ppm/10kg钢芯铝补加，把钢水［O］脱到100ppm以内，吹氩3min后进行第二次定氧，再根据定氧值补喂Al线。第二次定氧值在50~70ppm，如果生产节奏紧张，则不喂Al线，在出站前，XQ195、Q175、H08A直接喂CaFe线。

④钢包下渣多，根据下渣量对渣层进行撒补加Al粒10~20kg进行顶渣处理，Al粒不能直接撒在钢水上。

⑤要求出站［O］=30~50ppm。在氩站停留时间不得小于10min，总时间控制在18min内。

3）喂线速度不低于3.0m/s。

4）定氧值必须及时通报炉前，炉前根据定氧情况在炉后补加适量钢芯铝或铝锰铁。

d 调温作业

（1）加废钢调温前通知炉下炉上人员避让，防止钢渣钢水飞溅伤人。

（2）将钢包车开至正对废钢斗下面，边吹氩边加废钢，每批加入振动时间小于 10s，每批加入后应吹氩 3min，经测温后再决定是否加入第二批废钢（每加入 10s 废钢，约降温 10℃）。

（3）新包、中修包和有包底（≥1t）钢包原则上不允许加废钢。有包底（≤1t）钢包，到站吹氩 3min，测温后再决定是否加废钢调温。

e　保温作业

（1）吹氩结束后，根据钢种工艺规程加入保温剂，保温覆盖剂应干燥。

（2）保温剂从废钢溜槽加入，严禁在钢包车开出后向钢包扔覆盖剂，防止钢渣飞溅伤人。

（3）严禁吹氩的同时加保温剂。

（4）C、D 级包和氩后温度近下限时加保温剂 8~10 包，其余情况氩后加 5~8 包，保温剂加入都应均匀铺盖在渣面。

f　特殊情况作业

（1）若炉前在吹氩结束后须再次补加合金，必须通知氩站，要确保加完合金后吹氩时间不低于 3min，同时通知调度。

（2）所需微调成分、加入量及收得率按下式考虑：

$$FeMn = \frac{钢种\ [Mn]\ 中限 - 钢水实际\ [Mn]}{MnFe\ 含\ Mn \times \eta_{Mn}} \times 钢水量（kg）$$

$$FeSi = \frac{钢种\ [Si]\ 中限 - 钢水实际\ [Si]}{SiFe\ 含\ Si \times \eta_{Si}} \times 钢水量（kg）$$

式中，η 为微调合金收得率，% ；Si 为 75%~80% ；Mn 为 85%~90% 。

g　安全操作

（1）吹氩前必须认真检查电器、升降设备、减压阀、压力表等是否完好，如有失灵现象，停止吹氩并要及时进行调换修理。

（2）吹氩时，等插管人走开至安全位置，以防钢渣在吹氩过程中溅出伤人。

（3）加废钢和保温剂时，要站在安全位置，以免钢水溅出伤人，严禁使用潮湿的废钢和保温剂。

（4）钢包发生穿钢或发红时必须及时组织钢包吊离。

D　钢包车操作

（1）操作前的确认：

1）确认轨道线上及周围无人、无障碍物；

2）确认天车大钩已经离开到安全高度或已经离开；

3）确认炉盖及电极在上极限位置；

4）确认测温取样枪、喂线导管、顶吹氩枪在上极限位置；

5）确认底吹氩管已接好并且吹氩正常；

6）确认钢包坐好、钢包吊耳垂直；

7）确认钢包包沿粘渣是否影响精炼。

（2）主控室操作方式：

1）将钢包车就地控制箱上钢包车钥匙选择开关置于自动位置；

2）在主控画面上点击"1 号或 2 号车去加热"按钮，钢包车自动运行，并变频调速，在加热工位停止；

3）如果有异常情况可随时点击"钢包车停止"按钮，能使钢包车停在任一位置。

（3）就地控制方式（手动方式）：从就地控制箱上，将钢包车选择开关置于就地位置，然后旋转 1 号或 2 号钢包车运行开关至"前进"或"后退"位置，控制钢包车去加热或去吊包位。

E　座包工位操作（钢水接收与吊罐作业）

（1）检查钢包上沿有无残钢、残渣、异物等，防止包沿超高撞水冷炉盖，导致设备损坏或断电极等恶性事故；检查包壁有无透红，发现异常及时通知精炼炉长。要求钢水重量在 90～120t 范围内，且钢包渣圈最宽处小于 180mm（渣层过厚应倒渣处理），包沿上粘渣高度小于 100mm，钢包包沿外壁粘渣宽度小于 50mm。

（2）钢包吊入或吊离罐车时必须垂直进行。确认 LF 炉钢包车停于吊罐位稳定且轨道线上及周围无人和无障碍物后，指挥行车将钢包吊起，钢包就位后确认熔炼号、钢种，并了解钢种合金种类、成分及加入量后，检查自动吹氩接头上的密封圈是否完好，接上吹氩管。

（3）钢包车运行区域和周围不准有人行走，且地面不准有积水。

（4）确认软搅拌时间已到，氩气已关闭后指挥天车挂稳钢包并起吊。指挥起吊钢包必须离开 5m 以外安全距离，并且站在有退路的地方。

（5）座包必须确认两边对位准确后，再指挥行车点动下降座包。

（6）指挥起吊必须确认两边耳轴挂靠到位后，方可指挥起吊。

F　吹氩操作

（1）吹氩前了解转炉冶炼钢种和连铸平台钢水情况，确认本次所需出站温度。待接吹氩管人员接好吹氩管且离开平车后，接通氩气，开大底吹流量，待渣面吹开，调小底吹氩（液面吹开度 200～300mm），严禁钢水剧烈翻腾。氩气流量（标态）以 800～900L/min 控制。

（2）首批渣料加入时，底吹供气强度调整到最大，减少炉渣结壳或结块，使渣面相对平整，渣料加入完毕，底吹氩控制到升温加热要求（液面吹开度 300～500mm）。化渣时以氩气流量（标态）400～600L/min 控制。如钢水表面结壳，吹通透气砖后，应全开氩熔化钢水表面结壳后，再进行化渣。

（3）加热后测温前搅拌时氩气流量（标态）以 300～500L/min 控制。如因设备故障原因需等待，不能加热处理时，应先吹通透气砖，以保证透气砖不堵，然后软吹，使钢水有蠕动即可，严禁暴吹。

（4）升温过程中补加渣料时，底吹流量调整以弧流弧压表指针摆动为标准（指针摆动幅度 ±5 个刻度以内）控制。第一次升温化渣结束时，底吹供气强度调整到最大，使钢渣反应充分，吹氩时间控制在 3～5min。

（5）合金成分调整时（加合金、C 粉），必须在合金、增碳剂加入后适当加大吹氩流量（液面吹开度 800~1000mm）大于 2min 以上时取样。加大吹氩一是吹开渣面，提高合金收得率；二是可加速合金熔化，均匀成分。氩气流量（标态）按 500~600L/min 控制，喂丝时可以软吹控制，流量（标态）200~300L/min。

（6）如一次主加热后升温速度不低于 4.5℃/min，应保持加热时的氩气流量，并从观察门观察炉内气氛颜色，若呈亮白色，应停止加热，调节吹氩量，直至炉内气氛呈红色。

（7）升温处理中途及处理结束时，要求在停止加热后调大底吹（液面吹开度 400~600mm）1min 以后进行测温、取样，确保测温准确及取样均匀。测温取样时（要求取样器深入到钢渣界面下 200~300mm），底吹氩控制以液面吹开度 100~200mm 为标准。

（8）对于新包、大中修包第一炉、有包底钢包、黑包、长时间不用包（>4h），精炼过程适当加大底吹流量（液面吹开度比正常情况增大 100mm），防止结包底或温度不均匀。

（9）钢包车到喂线位，测温取样（定氧、取气体样、渣样），要求测温头深入到钢渣界面下 200~300mm（定氧探头深入到钢渣界面下 400~600mm），在进行定氧操作时，要减少底吹氩流量或关闭底吹氩流量。喂线时，根据喂线种类调整氩气流量：喂入铝线时液面吹开度 300~800mm，确保铝线顺利喂入钢水中；钙线（Ca-Si，Ca-Al）要减少吹氩流量，流量大小以渣面涌动、钢液面不裸露为宜。

（10）过程氩气流量应保证加热过程稳定，加热过程中严禁调氩。

（11）拨吹氩管前，吹氩工及精炼工必须进行监护、察看钢包液面情况，待液面平静后方可指挥拨吹氩管作业。

G　顶吹氩操作

（1）顶吹氩制度：顶吹氩时，加热与吹氩、测温应交替进行，每次加热不超过 7min，顶吹 1~3min。

（2）顶吹前必须确定的条件如下：

1）底吹氩不通时，才进行顶吹氩搅拌；

2）确认顶吹系统工作正常；

3）确认顶吹氩枪符合使用标准；

4）确认顶吹氩气管与顶吹氩枪连接良好；

5）确认顶吹氩管路无泄漏。

（3）打开现场操作箱上的事故氩枪门"开"按钮。

（4）将现场控制箱上的"事故氩枪倾动"按钮转到"工作位"，事故氩枪倾到工作位。

（5）顶吹氩枪下降入吹氩气孔内打开氩气阀，设定好氩气流量。

（6）顶吹氩枪下降至下限，上下运动事故氩枪，使事故氩枪侵蚀均匀。

（7）当顶吹氩结束，提升顶吹氩枪上升至上限，氩枪变成暗红关氩气。

（8）顶吹氩完，关闭顶吹氩气孔门。

（9）注意事项：

1）搅拌时，不得同时进行其他作业；

2）每次测量［定氧］取样前必须先吹氩 1~3min；

3）采用顶吹氩枪操作时，加热和吹氩应交替进行：每加热不大于 7min，应顶吹氩 1~3min；

4）注意渣线部位浸蚀情况，防止渣线发红、漏钢。

H 水冷炉盖升降操作

（1）确认顶吹氩枪在等待位、喂线导管在上限位。

（2）确认LF停止加热且电极处于上极限位置并锁紧。

（3）按"提升"按钮，提升炉盖至上极限。

（4）按"下降"钮，下降炉盖。

（5）当LF炉工作时，炉盖必须悬空；当更换水冷炉盖时，下降炉盖至钢包车上的空钢包位上。

（6）向炉内加渣料或合金时，烟气量最大，此时除尘阀门开至最大；通电时烟气量最小，除尘阀门开度应减小。

（7）作业中应注意：

1）炉盖进出水温正常和无漏水现象；

2）加热过程中严禁动炉盖；

3）提升油缸及供油管路正常无漏油；

4）防止电极接触炉盖合闸时打弧；

5）事故状态下压炉盖限位后必须及时拿掉。

I 测温（定氧）取样操作

（1）钢水坐罐后，先取氩前样。

（2）作业前将电极提升到离钢液面300mm以上；如果进行顶吹氩搅拌，则还要将氩枪提升至上极限。

（3）安装好测温（定氧）偶头与取样器，并确认导通良好，信号正常。探头要干燥，无破损，且要插紧。

（4）加热停止1min后测温，加热停止2min后取样，合金化后5min取样，氩气流量（标态）调小到双100L/min。

（5）作业时要迅速插入钢液，插入深度300～400mm，应保证浸入时间不小于5s，探头距离包壁大于400mm，并且测温取样点在氩气搅拌区。

（6）取下测温［定氧］取样探头后，从探头内取出钢样，并用水冷/空冷，确认无缺陷后，将试样和小票放到专用炮弹中并拧紧，然后将炮弹口朝下送入风动送样器。在风动送样装置液晶触摸屏上输入炉号、钢种、取样点、取样序号等信息，关好风动送样门，通过风动送样器送至化验室分析。

不同探头取样插入的时间和深度见表1-13。

表1-13 测温、取样插入时间及深度

探头种类	插入时间/s	插入深度/mm
测温偶	3～5	300～400
测温定氧偶	5～7	300～400
取样偶	3～5	300～400

J 电极升降操作

（1）电极升降作业分"自动"和"手动"两挡。在正常的升降过程中，应采用"自动"，电极就会根据弧压、弧流的大小自动进行调节；在检修或调换电极的过程中，应采用"手动"，根据需要按下单根电极"升/降"或三根电极"升/降"即可。

（2）三相电极升降是通过安装在电极升降装置内的三只液压缸来进行的，作业时启用液压泵。

（3）"自动"作业时，按下"电动自动启动"开关，三相电极自动下降，直至自动起弧后通过电极调节程序自动调节电极位置。

（4）"手动"作业时，可在电极升降范围内注意手动调节电极位置，严禁电极插入钢水中造成短路跳电。若发生跳电，应将所有电器开关调到零位，并立即采取措施进行处理。

K　电极下滑与接放操作

（1）电极下滑操作：先检查电极长度是否满足生产要求，如果精炼炉所用电极远少于2.5节或不能满足下一浇次正常使用时必须调整。电极下滑具体操作：

1）确认高压在分闸状态，分闸指示灯亮，电话通知调度喊电工断开隔离开关。

2）主控将包盖降至下限位，将电极降到下限位。

3）用钢丝绳，将电极吊具的电极接头孔拧紧，并检查吊具上的螺母是否松动完好。

4）指挥行车点动将电极吊具拉紧。

5）从操作台打开电极夹持锁，及夹持器夹紧锁；指挥行车缓缓地降到所需长度。

6）用干燥的压缩空气吹扫电极表面和电极夹持器铜瓦表面，并使之紧密接触。

7）关闭炉前夹持器锁，然后关闭主控操作台电极夹持锁。

8）指挥行车下降，松开行车钩头。

9）抬起电极，包盖至上限位。

10）检查电极长度是否超出包盖下沿并通知电工合上隔离开关。

（2）接长电极操作：

1）确认高压在分闸状态，通知调度喊电工断开隔离开关。

2）将包盖降至下限位，同时确认钢包车在吊包位。

3）将电极降至下限位，并将吊具（金属接头）摘下，装到备联电极上。

4）电极横臂上人员站位要得当，避免天车吊电极挤伤或碰伤。

5）指挥天车调运新电极，当待接长电极垂直对正后，此时被接长电极与待接长电极要相距400～600mm，停止下降。用吹风管将被接长电极下端面及螺纹孔吹扫干净。

6）指挥天车"点动"下降，在电极下降过程中要用手扶住电极，将被接长电极降到待接长电极接头上，把电极接长扳手套在被接长电极上拧紧，接长扳手距被接长电极下端400～600mm。

7）专人指挥天车缓缓点动下降，同时顺时针旋紧电极，至上下电极间缝隙约10mm左右，打开吹风管，吹扫接缝至无灰尘、碎屑。

8）用电极接长扳手拧紧电极，要求两电极端面紧密接触无间隙，松开接装扳手，打开接长装置夹紧机构，将电极下降到适当高度后夹紧。

9）关闭炉前三相电极夹持器开关，并关闭电极夹持锁。指挥行车将电极专用吊具旋松。

10）抬起电极，包盖至上限位。检查电极长度是否超过包盖下沿。通知电工合上隔离开关,并确认。

L　停送电操作

(1) 根据不同的阶段和不同的目的选用合适的级数进行送电。二次电压共设11挡(见表1-14),前5挡为恒功率,后6挡为恒电流。

表1-14　各挡位电压和电流

挡位	1	2	3	4	5	6	7	8	9	10	11
电压/V	315	307	300	292	285	273	261	248	236	225	215
电流/kA	27.5	28.2	28.9	29.7	30.4	30.4					

(2) 除初期起弧化渣外,全精炼过程均需埋弧操作,严禁用高电压裸弧强制调温,以免损坏包衬。增碳、合金化、喂线、测温取样及定氧时必须停电并抬起电极。

(3) 化渣阶段:采取低挡电压,一般选用6~8挡低功率、大电流短弧供电。加热2~3min后,待炉渣形成后,根据埋弧情况逐渐加大电压级数,一般选2级电压,高功率供电。化渣时间应保证不超过6min。

(4) 升温加热阶段:采用2~5挡。精炼处理后的钢水温度必须达到连铸的温度要求,LF炉正常升温速度4.5℃/min,最大升温速度5℃/min。

(5) 保温阶段:采用7~10挡。

(6) 送电操作步骤:

1) 炉盖降到"下限位";

2) 电极提升到"上限位"并锁定;

3) 将"设备状态"开关打到"生产"状态;

4) 高压合闸钥匙打到"合闸允许"状态;

5) 将"292隔离开关"打到"合闸"状态;

6) 将"高压状态"开关打到"操作"状态;

7) 将"真空断路器"打到"合闸"状态。

(7) 停电操作步骤:

1) 将真空断路器打到"分闸"状态;

2) 将"高压状态"开关打到"检修"状态;

3) 将"292隔离开关"打到"分闸"状态;

4) 将"设备状态"开关打到"维修"状态;

5) 将高压合闸钥匙打到"高压"状态;

6) 确认"接地开关"已接地。

M　加热操作

(1) 加热前确认滤波装置已投运,炉盖盖好,测温取样枪在上限,氩气流量已调节好(蠕动不大翻),冷却水正常和送高压电无报警信号,确认整个系统处于安全状态方可送电精炼。

(2) 给定合适功率和挡位后合闸,按按钮。加热过程中可根据要求调节功率和挡位。

(3) 三根电极中任意两根电极臂以下长度差超过300mm时必须重新调整电极,使电极臂以下电极长度相等。

（4）严禁用电极增碳，掉入包内的电极头尽量及时捞出，配电电流不可超过电极的额定最大电流。

（5）加热过程中温度控制按不高于目标温度 10℃控制，需脱硫的炉次，可适当提高过程温度，新包、修包、凉包等可适当提高过程温度。

（6）每次加热完后，提升电极断弧，高压分闸，再分滤波装置。

（7）LF 精炼加热时优先采用自动方式，异常情况下采用手动：

手动模式：将电极控制开关打到手动状态，预设定好电压挡位及弧流。根据渣况选择三相同时升降手柄，或单相升降手柄，将三相电极同时下降或单相、双相电极下降起弧。

自动模式：将电极控制开关打到自动状态，根据所测温度以及渣况，预设好电压挡位，加热时间以及弧流，选择三相同时升降手柄，轻推手柄三相电极自动下降。

（8）特别注意事项：

1）底吹氩不通时，每次加热不超过 7min；

2）炉渣结壳时，应用手动起弧加热防止电极折断；

3）给定功率不得超过额定值 20%；

4）根据生产节奏、渣况，选择功率挡位（在 1～13 挡间选择）；

5）连续加热时间不得超过 25min。

N　温度控制操作

不同钢种在不同的操作过程控制的温度不同，具体见表 1-15。

表 1-15　不同钢种的温度控制　　　　　　　（℃）

项目＼钢种		SS400	SPHC、SPHD、SS330	Q345B
终点温度		1630～1650	1630～1640	1640～1660
炉后包温		1570～1585	1570～1585	1560～1575
LF 进站包温		≥1540	≥1545	≥1540
LF 出站	第一包	1580～1590	1600～1610	1575～1590
	连浇	1570～1580	1585～1595	1565～1575

注：遇备用包、大修包，转炉终点温度可上调 10～20℃，LF 根据冶炼时间，出站包温可上调 5～15℃；根据出钢时间的长短，转炉终点温度可提高或下调 10～20℃；精炼还应根据薄板连铸断面大、小，适当调整出站温度。

O　造渣操作

（1）精炼过程中根据钢种工艺规程及精炼渣模式配好渣料。造渣材料常采用石灰、萤石、精炼渣，总渣量控制在钢水量的 1.2%～1.5%。一般钢、渣料加入量为 10～15kg/t 钢，深脱硫钢渣加入量 15～20kg/t（全部渣量不超过 25kg/t 钢，包括转炉下渣量）。

（2）渣料的基本配比可分为三类：

1）硅镇静钢，如普碳钢、低合金钢、高碳钢等，石灰∶萤石 = 2∶1～3∶1。

2）硅铝镇静钢，如管线钢等，石灰∶萤石 = 5∶1～6∶1。

3）铝镇静钢，如 SPHC、Q195、Q195L、08AL 等，石灰∶萤石 = 8∶1～10∶1。

其中 SPHC、08AL、Q195L 可不加萤石，视渣子黏度而定；使用精炼渣调渣时可减少萤石用量。

（3）若一次加渣料较多，应先用氩气搅拌再加热；若温度过低（≤1500℃）或结渣盖时，应在加热过程中陆续加入渣料。

（4）加热5～8min后，第二批渣料熔化良好，扩散脱氧剂分批加入，要少加、勤加直至炉渣变白。粘渣、测温、取样，视取样分析结果，渣况、颜色及处理目的决定如何操作。

（5）渣样判断：

1）用渣杆蘸取少量渣样，冷却后观察判断颜色。炉渣颜色有黑色、褐色、灰色、黄色、墨绿色、白色。

2）渣呈黑色，表明渣中$w(FeO) + w(MnO) > 5\%$，还需要较大力度脱氧还原，继续打入铝线、其他脱氧剂或铝粉，并勤蘸渣样。

3）渣呈褐色或灰色，表明渣中$w(FeO) + w(MnO)$在$2\% \sim 4\%$，需要进一步还原。

4）渣呈白色或灰白色，表面呈气泡状，渣厚度适中（2～4mm），冷却后迅速风化，表明渣中（FeO）、（MnO）等氧化物大部分被还原，脱硫效果最佳。

5）渣子薄，带有玻璃光泽，表明渣子碱度偏低，Al_2O_3、SiO_2或CaF_2含量偏高，需要通知加入一定量石灰调整。加入石灰后要通电化渣，化透后再大气搅拌取渣样观察，直到渣子变成墨绿或白色。

6）如果所蘸渣子表面粗糙不平，渣子厚，表明石灰加入量过多或渣子没化透，渣子发黏，应加入萤石并通电化渣处理。

7）渣层厚度要大于50～100mm为佳，一则易脱硫去夹杂，二则保温隔热，减少温降，提高升温效率。

8）当渣子变成墨绿或白色，搅拌5～8min，关闭氩气旁通阀，并测温取样，根据所测温度与目标出站温度，送电使钢水温度高于目标值得10～15℃，以满足喂丝，弱吹时的温降。

（6）精炼炉造渣操作要求：早化渣、早变渣、早成渣，白渣精炼时间不少于6min。应保证渣的黏度适中和成分在目标范围内。

（7）白渣操作：加料3～5min第一批料熔化良好，加入第一批脱氧剂（加入总量的三分之一），约3～5min后，钢渣应全部变为白渣（有些低碳钢号渣呈黄白色即可）。

P　钢水成分调整和加入熔剂

（1）确认所需合金种类齐全和数量足够。高位料仓振动给料机和称量系统正常及振动给料机、皮带机和炉旁料斗阀门等正常。

（2）钢水进站后，根据第一个试样成分，与目标值相差较多的元素，进行合金粗调。根据白渣形成后的试样成分，进行合金微调至目标值。

（3）合金成分粗调：根据试样成分、炉渣的氧化性，考虑在还原气氛下的回锰回硅量，确定合金加入量。

（4）合金成分微调：吹氩搅拌3～5min及白渣形成后，测温取试样进行微调。

（5）合金成分调整应在黄白渣或白渣条件下进行，合金加入顺序应按元素活泼程度的先后顺序加入。根据LF炉试样、目标成分及合金加入标准，计算合金加入量；根据炉内状况确认熔剂加入量。

$$合金加入量 = \frac{目标成分(\%) - 实际分析成分(\%)}{合金元素含量(\%) \times 合金回收率(\%)} \times 钢水量 \times 1000(kg/炉)$$

注：实际分析成分是指合金加入前最近一次取样的分析成分。

各合金元素回收率见表 1-16。

表 1-16　各合金元素回收率　　　　　　　　　　（%）

合金种类元素	C	Si	Mn	V	Ti	Nb	Cr	Mo	Al
炭粉	90								
FeSi		95							
FeMn	90		100						
FeV				98					
FeTi					85				
FeNb						95			
FeCr	90						100		
FeMo								100	
铝线									50
碳线	90 以上								

（6）选择所加物料名称，设定数量，点击"开始称料"按钮，确认振动称量仓已停，点击"停止称料"按钮。

（7）选择 1 号或 2 号加料工位，点击 1 号加料或 2 号加料按钮，确认已下完料，点击"停止"按钮。

（8）如发现加料工位以及称量错误，点击"停止"按钮，然后根据情况选择加料工位或"卸料"按钮。手动加料或卸料时，必须首先打开批料漏斗上下插板阀，防止物料压到批料漏斗"上插板阀"造成"上插板阀"打不开。

（9）加料操作结束后，确认料仓归零。

（10）合金元素含量调整按规格中限控制，连浇炉次钢水成分要考虑上、下炉次间成分偏差，[C]≤0.02%，[Mn]≤0.10%，[Si]≤0.05%。微合金元素成分调整按钢种要求进行控制。

（11）炉内加合金期间必须断电并抬升电极，在加入合金及增碳剂后要适当加大吹氩量（但钢渣不要破顶）。合金加入后吹氩大于 4min 后方可取样。

（12）置于炉前的贵重合金等零料人工用铁锹通过炉门向炉内添加。

（13）在加热过程中，在炉门前通过炉门观察精炼渣的颜色、流动性和发泡情况，视需要添加脱氧剂和发泡剂。

Q　喂丝操作

（1）在 LF 炉处理后期、温度成分均符合要求时，先提升电极，后提炉盖，将钢包车开至喂丝位，进行喂线操作。

（2）根据钢种工艺规程确认需要喂丝的种类和数量。CaSi 线常用于钙处理或终脱氧（用量 0.5~1.0kg/t 钢）；Al 线常用于终脱氧（用量 0.3~0.5kg/t 钢）；C 线常用于增碳。

（3）对需要 Ca 处理的钢水，对 Si 含量有限制的低硅冷轧钢应打 AlCa 线，其他钢种打 SiCa 线。喂线速度为 180～220m/min，以提高 Ca 的收得率。对有酸溶铝要求的钢种，根据钢中硫含量，目标铝含量喂入 Al 线（Al 的收得率按 60%～85% 考虑），速度为200～220m/min，喂线时氩气流量为最小。

（4）当精炼 SPHC，SPHD 钢种时，Al 线不要一次喂入上限，控制过程酸溶铝（Als）在 600～700ppm。

（5）最后一次补打 Al 线与 Ca 处理时间应大于 5min，并吹气搅拌 1～1.5min（避免钢水大面积裸露），以防止钢中夹杂物含量高，影响钢水流动性。

（6）根据钢水 Al 含量及 Ca 线的收得率确定 Ca 的喂线量（Ca 的收得率按 20%～30% 计算），目标使钢水 $w[Ca]/w[Al] > 0.1～0.15$，生成产物大部分为液态 $12CaO \cdot 7Al_2O_3$，可改善钢水流动性。

（7）精炼含铝钢，Ca 处理后，尽量保证酸溶铝，Q235BZ 在 100～200ppm，SPHC、SPHD 在 200～400ppm，Ca 在 20～40ppm，避免水口结瘤和侵蚀塞棒。

（8）有特殊要求的丝线按以下公式计算：

$$喂线长度 = \frac{目标成分(\%) - 分析成分(\%)}{丝线单重(kg/m) \times 丝线合金元素含量(\%) \times 合金回收率(\%)} \times 钢水量(kg)$$

（9）选择"自动"模式，设定喂线长度和喂线速度，然后按"启动"按钮，喂线机自动启动喂线，当喂线长度达到设定值时自动停止，导管升降手动实现。

（10）选择"手动"模式时，可手动启动丝线前进或后退，或停止喂线。

（11）喂线结束后，需软吹氩的钢号可进行 5～10min 的软吹氩（软吹氩时氩气压力为最小，观察渣面微微波动为宜）。

（12）注意事项：

1）钢包车需停位准确，喂线过程中严禁测温取样，人员严禁靠近钢包。

2）一般情况下"手动"只是为维修目的或穿线操作提供的。

3）导向管要升降到位，钢水量过大时防止下降太深烧水冷导管。

4）当丝线使用至尾部时应注意将丝线抽出，或者将丝线尾部与另一圈丝线头部用专用接头连接，不应将丝线接头留在出口导线管内。

5）经常清扫机箱、压下辊及内部的丝线屑末。

R　吊包工位操作

（1）钢水在吊包工位的处理流程为：软吹氩→卸吹氩管→吊包。

（2）钢水出站条件：

1）在合金加完、喂线结束后，调整底吹氩流量进行软吹（强度以略吹开钢水液面，但不翻钢花为准）3～5min。

2）终点测温取样，钢水成分应达到要求，温度满足连铸的温度要求。

（3）吊包操作：

1）吹氩结束，向钢包内加入覆盖剂（用量 0.5～1.0kg/t 钢）保温，以覆盖住钢液面为准，关闭底吹氩气阀门，拔掉快速接头。

2）专人指挥天车吊包上连铸，地面操作人员注意观察滑板机构有无变形、粘钢、粘渣及钢包是否垂直，包壁有无透红，发现异常应马上通知相关人员。

S　精炼作业安全注意事项

（1）取样、测温、投料加合金等，要站在炉门两侧，防止火焰喷出或钢渣溅出伤人。

（2）装电极时必须切断电源、验电（确认）、挂牌，必须两人进行操作，站好位置，防止坠落伤人。

（3）平台上的各种原材料和工具不准向下乱抛。

（4）经常检查确认变压器油温情况。

（5）发生跳电时，将所有电器开关调至零位，并及时向有关人员反映情况，采取措施。

（6）通电及加渣料前应通知周围人员避让并确认。

（7）精炼钢包情况进行检查，发现包壁发红停止精炼，防止发红穿钢包事故。

（8）吊运钢水或电极要专人指挥。吊放钢包应检查确认挂钩可靠，脱钩完全后方可指挥行车起吊。

（9）潮湿材料不应加入精炼钢包。人工往精炼钢包投加合金与粉料时，应防止钢水飞溅或火焰外喷伤人。精炼炉周围不应堆放易燃易爆物品。

（10）精炼期间，人员不得在钢包周围行走和停留。

（11）停炉检修时，必须对炉盖及吸风口进行检查、清理。

（12）LF 炉炉盖漏水，由炉长根据漏水大小判断是否可继续精炼。炉盖大量水漏至钢包内，则升起炉盖，关闭水源，禁止开动钢包车，待钢包内水全部蒸发后再开出钢包车。炉盖少量漏水，精炼完毕后钢包必须立即开出精炼位，禁止在精炼位等待。

（13）LF 炉通电精炼的过程中，禁止打开炉门投料、测温或取样。投料、测温或取样必须侧对炉口，防止钢水飞溅伤人。

（14）LF 炉、RH 炉轨道内禁止有水，若因炉盖漏水或其他水流进入轨道内，精炼车间必须在水流停止的 8h 将水清理干净。

（15）LF 炉下摆料放置在指定区域，不超过平台 1.8m。

（16）处理断电极必须先做好验电，确认无电后上炉盖处理。在炉盖上注意站位，以防烫伤。

T　检修配合安全规定

（1）严格执行检修挂牌安全确认制，计划性、抢修和临时性检修必须在相关操作台上挂牌，并确认签字。

（2）能源介质检修前，操作工和检修人员同时到现场关闭阀门、泄压，确认安全后双挂牌检修。

（3）液压系统检修前，操作工画面停泵。

U　交班

（1）认真如实填写交接班本，并做好本班生产统计。

（2）对口交接，叙述本班设备仪表等运行状况及其他注意事项。

（3）情况交明后，双方签字确认，如有问题向当班工长或班长反映解决。

1.3 事 故 处 理

（1）吹氩不通：

1）调大氩气，将底吹透气砖吹通。

2）如仍未通，应彻底检查底吹供气系统是否正常：

①如没有流量，应检查钢包车底吹管线阀门是否打到自动位置；

②如有流量，但钢水面不翻腾，应检查底吹供气系统是否有泄漏，尤其是钢包底吹氩接头部位（密封圈是否完好）；

③如检查确认底吹供气系统正常，但钢水表面仍无翻腾，也无流量，说明透气砖已堵塞。

3）如透气砖堵塞，则全开氩气先加热几分钟，观察氩气是否通畅。

4）如按上述方式仍吹不通，则检查顶吹氩加热的条件，如符合则进行顶吹氩加热，如不符合顶吹氩加热条件，则进行折罐或回炉。

注：判断钢包底吹是否吹通须通过炉门靠肉眼观察钢液面的翻腾情况来确定。

（2）电极运行不正常：

1）停电。

2）检查液压系统是否有泄漏。

3）检查油箱中的油量，油质。

4）检查调节器、泵及阀。

5）通知维检人员处理。

（3）炉盖倾斜：

1）通知钳工调整炉盖顶丝，将炉盖调至水平。

2）通知维检人员处理。

（4）电极夹持器不能打开：

1）检查液压泵。

2）检查软管和管道系统是否有泄漏。

（5）处理过程中停电：用蓄能器的液压将电极臂、水冷炉盖提起。

（6）炉盖漏水：

1）及时观察漏水部位、大小及水是否能流到钢包内，及时向调度和有关领导汇报。如果漏水严重，首先关闭炉盖冷却水；如果漏水成线且流到钢包里面，立即停止冶炼，切电提升电极，关闭氩气，开走钢包车，通知维修人员进行处理。

2）漏水严重且进入钢包，立即停止冶炼，关闭氩气，观察钢包内有无积水，如果有积水，要及时关闭进水，待钢包内水分蒸发完后才能开钢包车处理；没有积水，立即开出钢包车，然后关水，通知维修人员处理。

3）炉盖水冷管线漏水，水流不到钢包内时，要根据漏水大小，通知维修人员立即更换或换浇次时更换。

（7）钢包漏钢处理：

1）当发现钢包漏钢时，立即组织停止精炼，迅速提升电极与炉盖至最高位，关闭底吹氩气，将钢包车开至钢水吊包位，指挥天车将钢包迅速调离钢包车。

2）当发现轨道内钢渣较多时，及时打水冷却、清理干净，以免影响钢包车的运行；发现着火时，先灭火。

3）当包壁漏钢或透气砖漏钢时，指挥天车迅速将钢水倒入或漏入事故包中。

4）指挥天车吊走漏钢钢包时，疏散现场工作人员，避免因钢水飞溅造成人员烫伤等安全事故。

（8）水泵断电：

如水泵断电停水，LF 炉冷却水系统故障，则事故水自动打开，待此炉钢水处理完后，马上联系人员处理，且暂时不得继续接收钢水。

（9）钢包穿钢：

1）立即停止冶炼，关闭氩气，检查漏钢部位及大小，检查钢流能否冲到钢包车上。

2）观察钢包穿钢位置及大小，如果穿钢位置较高且较小，及时组织倒包。

3）如果钢流正对着钢包车，有可能烧坏钢包车时，要及时吊离重包到渣斗处，让钢水暂时流到渣斗里，并组织空钢包，让钢水流到钢包里面。

4）如果钢流较大且钢流冲不到钢包车上，不要吊钢包，及时拿灭火器准备灭火，随时观察钢包车减速机等部位是否着火，并及时灭火。

（10）精炼过程溢渣处理：

1）当钢包发生溢渣时，立即指挥主控工抬高电极，关闭氩气，切断电源，抬高炉盖。

2）用 SiFe 粉或 Al 粉或覆盖剂脱氧抑渣，同时切断氩气。

3）如果溢渣严重，迅速移动钢包车，防止烧坏或铸道轨，并利用生产间隙组织本班人员清理钢包车及炉坑上的溢渣。

4）检查底吹管是否烧损，否则换管，当泡沫渣降到正常情况后，再继续精炼。

（11）钢包车在加热工位开不出来：

1）立即通知电工和钳工维修。

2）根据处理时间，必要的话，让钳工打开钢包车抱闸，用事故钢丝绳将钢包车拖出来。

（12）氩气压力低，精炼困难时：

1）及时和调度联系，让制氧厂提高氩气管线压力，并了解事故原因及所需处理时间。

2）接上用氩气瓶，加热时和软搅拌时用管道氩气，增碳及脱硫用氩气瓶氩气。

3）及时跟有关领导和部门联系，组织氩气瓶。

（13）钢包内钢渣结壳不能引弧：

1）不要硬性下插电极以免折断。

2）若结壳较轻指挥天车吊重物砸开渣面，同时加大吹氩量，冲开渣面。

3）若结壳较重，表明钢水温度已很低，则用氧烧开渣面做倒包和回炉处理（若吹氩正常，也可缓慢加热升温）。

（14）钢包透气砖透气性差：

1）检查吹氩管和快速接头有无漏气现象。

2）如管网无漏气，把自动吹氩的旁吹打开阀门逐渐开至最大，将电极加热升温。

3）加热升温无效时，通知有关人员确认对该包钢水进行浇铸、倒包或回炉处理。

（15）电极加持器打火或发红：

1）用压缩空气吹扫电极与夹头接触面的灰尘。

2）检查夹头内表面是否光滑，否则通知电钳工打磨处理。

3）检查电极夹头是否漏水，若漏水通知钳工处理。

（16）操作中电极断：

1）首先停电、抬起电极横臂到最高位。

2）检查断电极长度，如果钢包车能够开出，直接开出钢包车，用专用吊具将断电极捞出。

3）如果钢包车开不出来，卸掉电极，然后吊出小炉盖，用钢丝绳拴住电极将电极捞出来。

4）然后换上新炉盖，回装电极。

（17）炉盖塌陷：

1）开出钢包车，用散状耐火泥修补，继续冶炼后，将中心盖更换。

2）若塌陷区域过大，停止精炼，将钢水做简单处理、浇铸或更换新包盖。

（18）包沿超高：

1）包沿超高时将钢包车自动改为手动，缓慢开动并有专人监护指挥。

2）若钢包不能进入精炼工位，则采用天车吊重物将超高部分打掉或用氧烧掉。

（19）喂丝机操作故障：

1）喂丝机工作中卡线：立即停机，待卡线处理完，再重新开机使用。

2）丝线打滑：停止喂丝，并检查压力辊是否压紧丝线，如果压下辊磨损严重，通知钳工更换压下辊。

3）喂丝过程中，显示值与实际值不符：停止喂丝，通知仪表工检查计数器工作是否正常。

4）喂丝导管漏水：如果漏水成线，立即通知电焊工处理。

（20）钢包车开不出来：

1）因电机或限位故障导致钢包车开不出来时，立即通知钳工松钢包车抱闸。

2）用事故钢丝绳将钢包车拉出来。

（21）炉盖降不到下限位：

1）因钢包沿渣子较多，导致炉盖降不到下限位，导致无法送电时。

2）首先通知钢包准备处理钢包沿粘渣。

3）如果时间紧急，可压住炉盖下限位，炼完这炉钢后，及时恢复。

（22）加料系统故障：

1）通知炉前将顶渣料调整为石灰500kg、合成渣400kg，如果硫含量较高，调整为石灰600kg、合成渣500kg；将硅锰调整到中下限。

2）在LF炉用电石脱氧、增碳、用备用硅铁、锰铁调整成分。

（23）精炼过程所有控制系统停电：

1）将电极升降柱用机械锁定防止电极下插。

2）降低吹氩流量，以钢渣面轻微涌动，且不裸露钢液面为宜。

3）视停电时间长短，可向钢包中适当加些保温剂（低碳钢要适当少加防止增碳）。

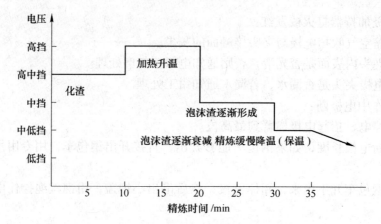

附图 1　LF 精炼期用电制度控制曲线

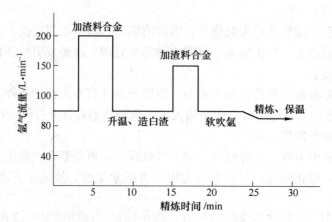

附图 2　LF 精炼期吹氩制度控制曲线

实训项目 2　RH 炉操作

实训目的与要求：

（1）熟练操作 RH 真空设备和控制真空度；

（2）能准确确定氩气流量并熟练控制。

实训课时： 15 课时

实训考核内容：

（1）RH 炉的主要设备组成；

（2）氩气流量的控制；

（3）真空度的控制。

2.1　RH 炉设备

2.1.1　主要设备及技术参数

2.1.1.1　RH 钢包台车

RH 钢包台车是将钢包从钢水接收跨的承接位置运送到真空槽处理工位进行真空处理，真空处理后再将钢包运送到辅助工位进行相关工艺操作，最后运送回钢包吊运位置。

RH 钢包台车主要由车架、钢包托架、传动装置、走行装置、润滑装置、电缆卷筒、激光测距仪及编码器、事故牵引装置、辅助装置、渣斗、钢包底吹氩阀站等组成。其主要技术参数如下：

钢包车载荷：2000kN

钢包车车轮直径：$\phi900$

钢包车轨道型号：QU120

钢包车速度：3 ~ 30m/min

钢包车驱动装置数量：4 套

钢包车驱动装置电机功率：15kW

钢包车驱动装置额定输出转速：10.5r/min

钢包车驱动装置额定输出扭矩：20500N·m

传动装置减速机型号：B4HH07 + MoTor/Lantern

2.1.1.2　钢包升降系统

钢包升降系统用于在真空处理位顶升钢包，使 RH 真空槽浸渍管插入钢水一定深度，待钢水处理结束后，再将钢包降落在钢包台车上。

正常工作时，钢包升降系统在控制室内的操作台上进行控制操作。在停电或其他紧急事故状态下，可手动操作。

钢包升降装置由液压缸、升降框架、上盖、升降导轨、滚轮组件、手动干油润滑设备、行程检测部件、行程开关等组成。其主要技术参数如下：

升降能力：450t

液压顶升系统工作压力：约 18MPa

升降作业行程：约 2650mm

升降设备行程：约 2750mm

顶升速度：

　　高速：约 3m/min

　　低速：约 1m/min

2.1.1.3　真空槽系统

真空槽（图 2-1）安装在真空槽台车上，真空槽本体采用锅炉钢板焊制，内砌耐火材料，槽体采用分体式，由上部槽、下部槽和浸渍管三部分组成。上部槽与热弯管用法兰连接，下部槽与浸渍管焊接连接。

热弯管本体由钢板焊制，内砌耐火材料。热弯管设计成倒凹字形。热弯管顶部设置顶枪孔组件、浇筑耐火材料用盲板及操作维修平台；热弯管两侧设检修人孔。热弯管本体上与真空槽连接一侧设一个孔口法兰用于插入热电偶，以便实时监测真空槽内温度。

真空槽侧壁上焊有一段末端带水冷法兰的斜管，通过伸缩接头与合金溜槽相连。合金溜槽的对接法兰设氮气保护密封。

真空槽壁耐火材料内埋设一组热电偶，以便监测真空槽内的温度。

真空槽的主要技术参数如下：

真空槽全高（含热弯管）：10800mm

真空槽外径：2700mm

真空槽内径：1860mm

浸渍管内径（砌筑耐火材料后）：550mm

上升管外径：1230mm

下降管外径：1170mm

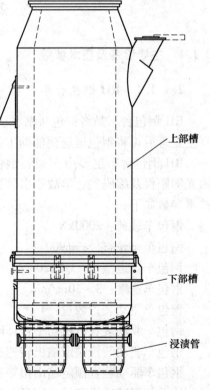

上部槽

下部槽

浸渍管

图 2-1　真空槽

浸渍管高度：900mm

浸渍管中心距：1300mm

环流气体最大流量（标态）：2m^3/min

环流气体管数量：12 个（分上下两排且为交错排列）

空冷压缩空气耗量：60m^3/h

氩气最大供应量：120m^3/h

合金加料槽内径：ϕ250mm

2.1.1.4 真空抽气主管道设备

从主膨胀节至 1B 泵入口间的设备称为真空抽气主管。真空抽气主管是用于真空泵系统与真空槽的连接。从真空槽热弯管排出的高温烟气经气冷器冷却后温度将小于 300℃，经真空主阀后进入真空泵系统。

真空抽气主管设备主要由排气口伸缩节、水冷管、气体冷却器、真空主阀、检修用盲板及膨胀节、真空抽气管道组成。

伸缩接头的工作温度为 600 ~ 750℃，伸缩接头的移动距离为 100mm，抽气管内径为 1400mm。

水冷弯管内径为 1400mm，废气入口温度约为 1200℃，废气出口温度为 600 ~ 750℃。

气体冷却器用于冷却从真空槽中抽出的高温气体并除尘，因此在气冷器的前后抽气管道上设置入口、出口温度检测，并在操作站上显示及报警。废气入口温度为 600 ~ 750℃，废气出口温度为 200 ~ 300℃。

气体冷却除尘器结构为采用外水冷盘管，气体进入冷却器本体，与水冷盘管发生热量交换使温度降低。冷却器内设置有旋流式导流叶片起旋风分离器作用，废气中颗粒烟尘在离心、惯性作用下积聚到下锥体部位，被接灰箱收集。

2.1.1.5 真空泵系统

A 蒸汽喷射泵

单级蒸汽喷射泵（图 2-2）的工作真空度只能达到 13.3 ~ 101.3kPa（100 ~ 760Torr），

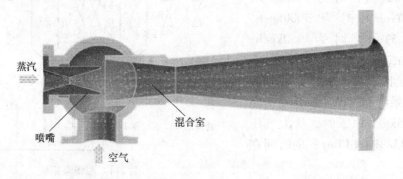

图 2-2 单级蒸汽喷射泵

（蒸汽进入喷嘴后，高速喷出，产生低压，将气体吸入并在混合室混合，经扩大管后，
动能转变为压强能。如果吸入的气体来自容器，容器减压，即可称作喷射真空泵）

一套实际应用的真空系统多数是由多级喷射泵串联组成，而为了获得良好的精炼脱气效果，工作真空度一般设定为 67Pa（0.5Torr），二级串联的真空泵一般工作在 30～100Torr，三级串联的真空泵一般工作在 5～30Torr，并不能满足真空度的要求。所以在实际应用中，常用五、六级泵串联或是新型的四级泵串联以及用水环泵串联的蒸汽泵组。

（1）六级泵：六级泵系统（图 2-3）中共有 6 个蒸汽喷射泵，4 个冷凝器，系统所选用的蒸气压力一般为 0.8MPa，排出压力为大气压 0.1013MPa（760Torr），而各级泵的真空度见表 2-1。

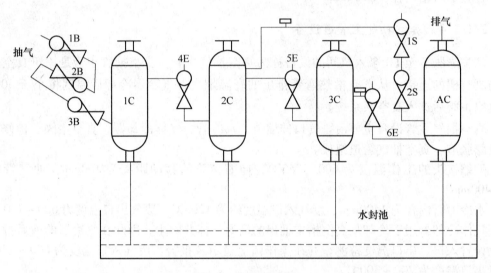

图 2-3　六级泵系统

表 2-1　六级泵的真空度

泵	1B	2B	3B	4E	5E	6E
真空度/kPa（Torr）	0.067（0.5）	0.2（1.5）	0.8（6）	7.333（55）	16.0（120）	42.7（320）

　　排气能力（换算为常温空气）：26.7kPa（200Torr）时为 7000kg/h，1.3kPa（10Torr）时为 3000kg/h，66.7Pa（0.5Torr）时为 950kg/h，20.0Pa（0.15Torr）时为 250kg/h。

　　排气时间：当脱气槽内耐火材料完全干燥，系统漏气量（换算为常温空气）在 15kg/h 以下时，从大气压力下降至 133.3Pa（1Torr）的时间在 5min 内。

　　（2）四级泵：四级泵系统（图

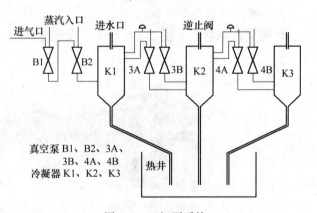

图 2-4　四级泵系统

2-4）有四个蒸汽泵和三个冷凝器，所选用的蒸气压力为 1.2～1.4MPa。各个吸入口的压力见表 2-2。

表 2-2 各个吸入口的压力

泵	1B	2B	3A	4A
真空度/kPa（Torr）	0.067（0.5）	0.60（4.5）	7.33（55）	28.0（210）

四级泵的工作参数为：

蒸汽压力：1.2~1.5MPa（在蒸汽分配器处）

蒸汽温度：210~250℃

冷却水压力：0.3MPa（在水分配器处）

冷却水温度：≤34℃

（3）水环泵—蒸汽泵组合系统，见图2-5。

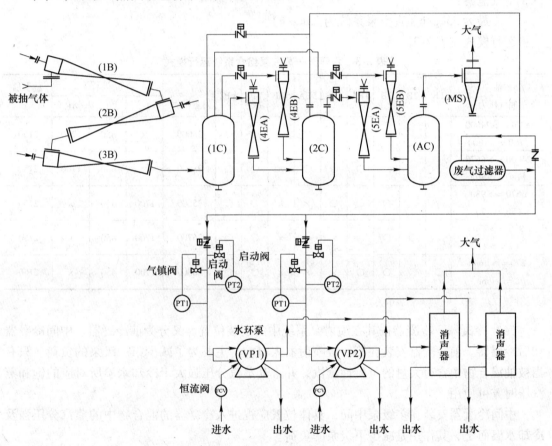

图 2-5 水环泵—蒸汽泵组合系统

抽气能力（20℃空气）如下：

1500kg/h 67Pa（0.5Torr）或以下

5000kg/h 6700Pa（50Torr）或以下

10000kg/h 13300Pa（100Torr）或以下

抽气时间是指空气在下列状况下从大气压0.1013MPa（760Torr）抽至133Pa（1.0Torr）的时间：排除剩余气体为0kg/h，空气泄漏不大于55kg/h，则最大抽气时间为3.0min。

抽气负荷=1500kg/h，空气泄漏≤55kg/h

蒸汽参数：

　　蒸汽压力　　　1.3MPa（蒸汽喷嘴位置）

　　蒸汽耗量　　　最大 28000kg/h

　　蒸汽温度　　　饱和

冷却水参数：

　　冷却水类型　　　　浊循环水

　　冷却水压力　　　　最小 0.2MPa（冷凝器入口）

　　冷却水消耗量　　　最大 2200t/h（其中 50t/h 为水环泵用水）

　　冷却水温　　　　　最大 34℃

空气泄漏：

　　最大 55kg/h（真空泵系统为 25kg/h）

运行模式见表 2-3。

表 2-3　水环泵—蒸汽泵组合系统运行模式

油气压力	1B	2B	3B	4EA	4EB	5EA	5EB	VP1	VP2	蒸汽量 /kg·h⁻¹	冷却泵			总水量 /t·h⁻¹
											1C	2C	4C	
ATM = >24000 (760 = >180)						○	○	○	○	28000	×	450	1700	2150
24000 = >6670 (180 = >50)				○	○	○	×	○	○	28000	×	450	1700	2150
6670 = >930 (50 = >7)			○	○	○	×	×	○	○	25600	1700	450	×	2150
930 = >270 (7 = >2)		○	○	○	×	×	×	○	○	26700	1700	450	×	2150
270 = > limit (2 = > limit)	○	○	○	○	×	×	×	○	○	28000	1700	450	×	2150

注："○"表示开，"×"表示关。

（4）冷凝器：冷凝器按其在喷射泵系统中的安装位置，又分为前冷凝器、中间冷凝器和后冷凝器。前冷凝器安装在第一级喷射器入口前，主要为了减少第一级泵的负荷。只有当被抽混合物中含有大量的可凝性蒸汽，并且其蒸汽分压强大于冷却水温所对应的饱和蒸汽压时方可使用。

中间冷凝器安装在多级泵中间，具体位置应视进入冷凝器的混合物中的蒸汽分压强及冷却水温而定，其作用是减少下级泵的负荷。

后冷凝器安装在末级喷射器之后，主要是为了消除末级喷射器的废气、噪声，有时用来回收末级喷射器的余热。

冷凝器按形式可分为下列四种类型（见图 2-6）。

B　水环泵

水环式真空泵（图 2-7）的主要参数为：

吸入口径：250mm×2

排气口径：250mm×2

排气量：160m³/min

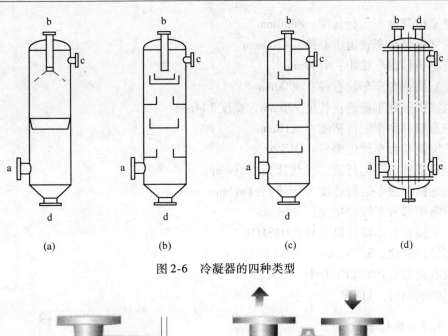

图 2-6　冷凝器的四种类型

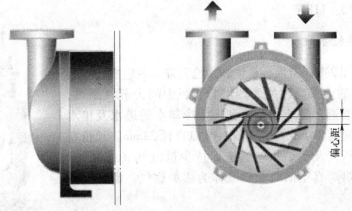

图 2-7　水环式真空泵

（叶轮与泵壳成偏心，泵壳内充一定量的水，叶轮旋转使水形成水环。相邻叶片
（如图中加粗叶片）旋转时，与水环形成的空间（气室）变大即进气。
空间（气室）逐渐变小，即空气被压缩。多组相邻叶片，即多组往复压缩）

电机：320kW，6000V，1480r/min

减速比：1/3.7，输出转速 400r/min

真空度：200Torr

真空泵采用五级泵系统：前四级为 5 台蒸汽喷射泵，第五级为 3 台并联水环泵。其中第四级为一组两台并联的蒸汽喷射泵（1B→2B→3B→C1→4EA、4EB→C2→5WA、5WB、5WC）。

2.1.1.6　真空室横移台车

真空室横移台车由车体、传动装置、主动轮组、从动轮组、动力气缸及附件、夹紧装置、车体隔热装置、手动干油润滑装置、拖链、电缆滑线槽、定位装置、平台梯子、声光报警装置、阀站等部分组成。主要参数如下：

真空室横移台车总静态负载能力：1000kN

真空室横移台车运行长度：8650mm

真空室横移台车轨道中心距：4700mm

真空室横移台车轮距：6700mm

真空室横移台车车轮直径：φ900mm

真空室横移台车拖链：长度 736mm，宽度 144mm

真空室横移台车定位精度：±10mm

真空室横移台车轨道型号：QU120

真空室横移台车运行速度（快速）：10m/min

真空室横移台车运行速度（慢速）：1m/min

真空室横移台车停位精度：±10mm

真空室横移台车减速机型号：H4SH10

额定输出转速：3.75r/min

配用电机型号：YZPE160M4

配用电机功率：11kW

2.1.1.7 顶枪系统

顶枪装置（图2-8）由顶枪枪体和顶枪升降装置组成，安装在真空槽处理位的上部。顶枪为四层套管，中间为氧气通道，环缝为焦炉煤气通道，最外层两层套管为冷却水的进水及出水通道。其中氧气通道为单孔拉瓦尔管，喉口直径 22mm。顶枪在非工作期间时，氧气及焦炉煤气通道保持少量氩气（或氮气）作为保护气体，烘烤真空槽时燃料气体为焦炉煤气，助燃气体为氧气。

顶枪枪体结构为水冷多层套管形式。氧气、氮气或氩气、加热煤气、冷却水和粉剂都是通过与枪体法兰连接的软管进入枪体。在真空处理过程中，氮气或氩气作为保护气体从枪的喷嘴吹入槽内。同样为了安全，枪在刚刚完成吹氧和煤气加热之后，枪杆内须充满保护气体。顶枪内预留喷粉通道。顶枪升降

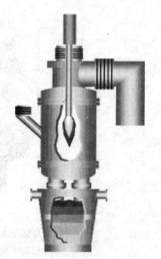

图 2-8 顶枪装置

装置布置在真空槽处理位的上方，支撑在平台钢结构上。用于 RH 顶枪的夹持，并带动顶枪在待机位和工作位之间垂直升降。

顶枪升降装置上带有真空密封通道，以保证槽内真空度。顶枪升降采用变频控制，可保证顶枪的精确定位。当断电等意外情况发生时，可使用 UPS 备用电源或气动马达带动顶枪提升，防止枪体烧坏。顶枪升降装置带动顶枪在 4 个主要工位运动：吹氧工位、加热工位、槽外待机位、槽内待机位，还包括上极限和下极限两个机械限位。

顶枪装置具有吹氧脱碳功能、化学加热功能、喷吹燃气加热功能、喷粉功能等。主要技术参数如下：

顶枪枪体型式：多重式套管

加热范围：800 ~ 1450℃

真空槽加热速度：最大 50℃/h（焦炉煤气、氧气燃烧烘烤耐火材料）

OB 氧气最大流量（标态）：约 2800m³/h

吹氧脱碳能力：[C]≤20ppm

烘烤氧气最大流量（标态）：约 800m³/h

煤气最大流量（标态）：约 800m³/h

枪总长度：约 14020mm

升降行程：9400mm

升降速度：最高 10m/min，最低 1m/min

最大氧气流量（标态）：2000m³/h

紧急提枪速度：2m/min

枪外径：273mm

枪头部材料：铜

枪体材料：碳钢

枪体安装精度：1/1000

2.1.1.8 预热枪系统

预热枪装置主要由预热枪枪体、预热枪升降/旋转装置、软管组和预热枪阀站等组成。预热枪装置用于真空槽在待机位置时对槽体保温、槽体内耐火材料挖补或重新修砌后的加热。真空槽待机位有 2 个，分别设置在处理位的两侧，共设置 2 套预热枪装置。当断电等意外情况发生时，可使用 UPS 备用电或气动马达带动预热枪提升，防止枪体烧坏。预热枪装置带旋转功能，以让出热弯管和真空槽正上方的吊运空间。

预热枪本体结构为水冷多层管形式，主要由枪体、点火装置、火焰检测器等组成；预热枪旋转装置主要由旋转用电动缸、电动缸支架和固定销等组成。主要技术参数如下：

型式：多重式套管，内带点火烧嘴

加热范围：20~1450℃

加热速度：最大 50℃/h

枪体通入介质：冷却水、COG、氧气、燃烧空气、氮气等

枪外径：φ298.5mm

枪体总长度：约 14120mm

焦炉煤气最大流量：约 800m³/h

2.1.1.9 合金加料系统

合金加料系统由高位料仓、称量料斗、合金料斗、铝料斗、旋转给料器组成。

高位料仓内衬有可拆卸的聚氨酯耐磨衬板。料仓设置料位计，具有上、中、下料位探测功能，可通过 PLC 对料仓内存料量进行计算。料仓下部导料槽设置可拆装插棍和手动闸板阀，用于给料量的调节。在出口处设有挡料装置。

称量系统由料斗体、耐磨衬板、闸板阀、振动给料器和称重传感器等组成。1RH 和 2RH 采用称量小车，即将料斗安装在可移动的小车上，这样可节省料斗的数量。

合金料斗分为上下两个料仓，两料仓中间用一套真空密封阀隔开，该阀与顶部接料斗的真空密封阀构成密闭空间，可在真空处理期间将合金料从大气条件下加入到真空条件下

的真空槽内。料斗下部设电磁振动给料机，通过一套支架安装在箱体内，料斗出料口与下料溜管连接，可将合金料直接加入真空槽内（合金料斗）。

2.1.1.10　辅助工位设备

辅助工位设置有保温剂/铝渣投入装置、喂丝装置、测温取样装置、事故氩枪装置，可在非处理位进行保温剂/铝渣投入、喂丝、测温取样工作。

喂丝装置设置在辅助工位平台上，通过除尘烟罩将合金丝喂入钢包。喂丝装置由喂丝机、丝卷架、入口导管和出口导管等组成。喂丝机出口采用导管升降。

喂丝机为双流式，喂丝速度、长度可调，丝卷为内抽式，可双线同时进行，也可单独进行。喂丝机自带控制系统，可自动控制喂丝量。主要参数如下：

喂丝机的型式：双线式

喂丝速度：40~400m/min

线径：9~16mm

丝卷架数量：2 个

丝卷存放量：1 卷/个

丝卷抽线方式：内抽式

2.1.2　设备维护规程

2.1.2.1　设备检查规定

（1）每周检查一次真空室横移台车结构及传动机构。

（2）每周检查一次煤气加热系统。

（3）每月检查一次横移台车轨道。

（4）每周检查一次顶升导轨。

（5）每周检查一次真空室锁紧装置及横移车锁紧装置。

（6）每周检查一次拖带链，链上不允许有残渣异物。

（7）每周检查一次各供气管线及阀。

（8）每周检查一次液压系统及供油管线及阀。

2.1.2.2　设备点检标准

A　真空室本体点检内容

（1）插入管的法兰是否变形、漏气；氩/氮气管是否泄漏，连接法兰外壳是否牢固；外壳是否变形。

（2）底部外壳是否变形。

（3）合金下料槽的法兰是否变形，下料管是否有破损。

（4）顶部及水冷弯管的法兰有无变形和漏水。

（5）横移台车的减速机是否传动平稳，无振动，无异音，润滑油位正常，油质良好，无泄漏，地脚及各连接螺栓无松动；制动器的闸皮和驱动装置开度对称，打开灵活，各连接螺栓及销钉联轴器磨损量不高于30%，车轮轴承运转平稳，无磨损，联轴器的闸轮动作灵活，反应灵敏，无松动，无脱落；拖带链牢固无松动，无破损，无异响，润滑好；车架结构不啃轨，轮面磨损正常；缓冲器运行平稳，各焊点及各部连接良好，牢固，无异常磨损，地脚连接牢固。

B 钢包车装置点检标准

(1) 车轮螺栓是否齐全，运转是否有异声。

(2) 减速机齿面接触是否良好，磨损是否严重，点蚀润滑是否良好。

(3) 传动主电动机运转是否平稳，有无异声。

(4) 车体有无烧坏、有无开焊，变形是否严重。

C 除尘系统点检标准

(1) 除尘风机的电机、接手、轴承箱及风机运转是否平稳，有无异声，振幅是否小于 $100\mu m$，润滑油是否充足。

(2) 除尘系统管道是否有孔洞，管道固定是否牢固。

(3) 除尘阀门开启是否灵活，对位是否准确，有无卡滞、漏风现象。

D 其他设备点检标准

(1) 水冷系统各水冷件、水冷罐有无渗漏，各水冷回路进回压力、进回水温度是否正常。

(2) 测温取样装置中的摆动油缸动作是否灵活，有无渗漏；电机传动机构螺栓是否紧固，运转是否平稳，链条是否完好。

(3) 风动送样装置柜内减压阀油雾器等元件功能是否完好，各器件、管道是否漏气。

2.1.2.3 设备定期清扫规定

(1) 每班清扫依次钢包车轨道，保证轨道 1m 内无积渣、积灰。

(2) 每天清除一次钢包车车体上积渣。

(3) 每天清扫一次真空台车及其他各层平台。

2.1.2.4 设备润滑的规定及设备润滑五定表

(1) 必须按"设备润滑五定表"要求对设备进行定人、定期、定油脂、定量、定点加油。

(2) 用规定的加油工具架入规定牌号的润滑油（脂），不能随意更换或代用。

(3) 加油或换油时要防止灰尘、杂物进入，保证油质清洁。

(4) 减速机油位低于规定油位，一定及时加油到指定油位。

(5) 正常情况下，按所规定的周期加、换油。

(6) 设备润滑五定表，见表2-4。

表 2-4 设备润滑五定表

序号	设备名称	加油周期	油脂名称	加油（脂）量	责任人
1	钢包车轴承	每周	2号锂基脂	8kg	操作工
2	顶升系统导轨	每天	2号锂基脂	10kg	操作工
3	顶升支架滚轮轴承	每周	2号锂基脂	4kg	操作工
4	真空台车轴承	每周	2号锂基脂	8kg	操作工

序号	设备名称	加油周期	油脂名称	加油（脂）量	责任人
5	测温取样链条	每周	2 号锂基脂	4kg	操作工
6	皮带机减速机	每周	00 号脂	油位	操作工
7	皮带机滚轮轴承	每周	2 号锂基脂	5kg	操作工
8	喂线机滚轮轴承	每周	2 号锂基脂	2kg	操作工
9	风机接手	二月	2 号锂基脂	1kg	操作工
10	风机轴承	一月	2 号锂基脂	1kg	操作工

2.1.2.5　设备定期测试、调整的规定

（1）每次倒换真空室后，要进行真空度的测量。

（2）每次倒换真空室，要保证各部连接良好，并检查顶部、中部、底部、插入管、活接头，下料溜槽各能源管线等部位密封漏气情况。

（3）每次检修对各极限进行校准。

（4）每季度对各仪表进行校准。

（5）每月对各种报警检测一次。

2.1.2.6　设备缺陷、故障处理

设备运行过程中常见故障发生的原因和处理方法见表 2-5。

表 2-5　常见故障排除方法

故障部位	原因	处理方法
真空度低	仪表连接漏气	如果操作真空测量仪表压力都高，可在 1 号泵头进行检查，如果检测正常，则检查仪表线路，再判别是管线本身还是连接仪器
	设备本身漏气	检查密封法兰、伸缩接头、抽空阀、逆止阀、管道、上下料钟
处理钢水时设备晃动剧烈	锁紧装置失灵	检查处理锁紧装置液压是否正常，锁紧装置是否完好
	插入管吹氩气量失控	检查供氩系统设备是否完好
	真空室地脚松动	紧固地脚螺栓

2.1.2.7　设备检查测试记录的有关规定

（1）当班人员对所辖设备的检查测试、调整以及事故故障和润滑情况要认真详细填写，要求字迹清晰，内容完整数据准确。

（2）事故故障要求实事求是地记载、部位准确，过程清楚无误。

（3）记录本上严禁乱写乱画，缺张少页。

2.1.2.8　设备交接班的规定

（1）当班者提前 10min 到达岗位，对口交接所属岗位设备运行情况，接班者未到岗位接班时，当班者及时向领导汇报未经领导同意，不得离开岗位。

（2）当设备发生事故或正在处理事故时，交接班双方协同处理事故，查找原因，经妥

善安排后方可交接。

（3）交接班时要做到交清、接清，交接内容包括：

1）设备运行情况；

2）事故及故障处理情况；

3）维护清扫情况；

4）安全保护措施情况；

5）上级有关通知和要求。

（4）交接双方认真填写交接记录并签字认可。

（5）接班后设备出现故障应由接班当班负责处理。

2.1.3　设备操作规程

2.1.3.1　RH 真空室运输车操作顺序

A　预热位移至处理位

（1）用 X 号钥匙开关将操作盘电源"接通"，注意 X 绿灯亮。

（2）用 X 号"灯试"按钮，检查操作盘所有指示灯，注意指示灯应全亮，不亮应更换。

（3）确认以下条件满足：加热烧嘴在"上极限位"、排气管伸缩接头"收缩"、合金伸缩接头"收缩"、真空室固定装置"松开"、钢包车液压顶升装置在"下极限位"、测温取样在"上极限位"、废气小车在"开"状态。

（4）通过 X 号预选器选要移动的真空室运输车，注意车 1、车 2 对应的指示灯闪烁。

（5）操纵 X 号开关，真空室运输车开始运动，注意处理位指示灯稳定亮。

（6）运输车撞处理位减速极限后减速，撞处理位极限后停止，注意观察运行中有无障碍，如有松开 X 号开关停车。

（7）按 X 号按钮合金伸缩接头"接上"，注意，X 号红灯亮，密封要好。

（8）按 X 号按钮排气管伸缩接头"接上"，注意 X 号红灯亮，密封要好。

（9）按 X 号按钮真空室固定位置"锁紧"，注意 X 号红灯亮。

B　处理位移至预热位

（1）用 X 号钥匙开关将操作盘电源"接通"，注意 X 号绿灯亮。

（2）按 X 号试灯按钮，检查操作盘所有指示灯，注意指示灯应全亮，有不亮应更换。

（3）按 X 号按钮使合金伸缩接头"收缩"，注意 X 号绿灯亮。

（4）按 X 号按钮使合金伸缩接头"收缩"，注意 X 号绿灯亮。

（5）按 X 号按钮使真空室固定装置"松开"，注意 X 号绿灯亮。

（6）确认以下条件满足：钢包车液压顶升装置在"下极限位"、测温/取样和破渣枪在"上极限位"、废气小车处于"开"状态、加热烧嘴在"上极限位"。

（7）通过 X 号预选开关预选要移动的真空室运输车，注意车 1、车 2。

（8）操纵 X 号主开关，真空室运输车开始运动，注意对应的预热位指示灯闪烁。

（9）运输车撞减速极限后减速，撞加热位极限后运输车停止，注意加热位指示灯稳定亮，注意观察运行前方有无障碍，如有，松开 X 号开关即可停车，出现失控现象或紧急情况，马上按 X 号"紧停"按钮。

2.1.3.2　RH 钢包运输车操作顺序

A　操作前的确认

(1) 确认轨道周围无障碍物。

(2) 按 X 号"试灯"按钮，注意所有指示灯应亮，若有不亮，联系更换。

(3) 液压缸在"下极限位"，注意 X 号绿灯亮。

(4) 测温枪在"上极限位"，注意 X 号绿灯亮。

B　操作室内操作台操作

(1) 在操作台上将 X 号就地/遥控选择开关用钥匙选择到遥控位置。注意 X 号红灯亮。

(2) 通过 X 号选择开关进行"钢包运输车位置"预选。

(3) 按 X 号主操纵开关上的按钮，注意指示灯亮。

(4) 钢包运输车撞预选位置停车极限后停止，注意当钢包运输车快速运行时撞预选位减速极限后慢速运行，撞停车极限后停止，此时预选位指示灯亮。

(5) 操纵 X 号主开关回零位，松开按钮。

2.1.3.3　RH 钢包运输车升降操作顺序

A　操作前的确认

(1) 确认液压坑内无积水。

(2) 确认液压缸在下极限。注意 X 号绿灯亮。

(3) 确认操作台所有指示灯完好。

(4) 确认钢包运输车在"处理位"。注意 X 号绿灯亮。

(5) 确认"插入管更换及修补"后干燥、无水汽。注意 X 号红灯。

B　顶升操作

(1) 用 X 号钥匙开关选择遥控控制。

(2) 按 X 号液压系统启动按钮。注意 X 号灯亮。

(3) 操纵 X 号主开关向上开始进行钢包提升，注意液压系统在启动过程中，X 号绿灯闪烁，系统启动好后 X 号绿灯稳定亮。

(4) 确认顶升高度计数器计数。

(5) 钢包上升到液面距插入管 200mm 时停止提升钢包。

(6) 通知平台操作工回避。

(7) 提升钢包车至插入管原始下口处时，计数器清零。

(8) 操纵 X 号主开关向上。

(9) 插入管浸入钢液内，当浸入深度为 500mm 时，停止提升。

(10) 在处理中应注意如下情况：因钢液吸入真空室而造成钢包液面下降要调整高度、因加合金而造成钢液面上涨要调整高度、真空室复压前，要下调插入深度。

C　下降操作

(1) 确认复压开始。

（2）确认真空室压力显示为大气压。

（3）操纵 X 号主开关向下。

（4）确认显示器数字回零。

（5）确认液压缸下极限灯亮。

（6）操纵 X 号主开关回零位，注意 X 号绿灯亮。

2.1.3.4　RH 测渣厚、测温（定氧）取样操作

A　测渣厚操作

（1）将钢包顶升到测温、取样高度，注意 X 号灯亮。

（2）将一根氧管插入钢液里，注意氧管应干燥，原则上应垂直插入钢液 300mm 以上。

（3）一段时间后（通过手感来判断）提起氧管。

（4）将氧管上粘渣部分进行测量并报告室内操作工。

B　测温（定氧）、取样就地操作台自动操作

（1）接通电源开关。注意绿灯亮。

（2）按试灯按钮，注意所有指示灯应亮，如有不亮则联系更换。

（3）将 X 号开关转换到"测温或取样"挡。

（4）装测温（定氧）或取样探头。

（5）确认测温，取样枪在测量位置灯亮，注意测量结束自动提枪并退回到停放位置。

（6）取下取样探头，去掉飞边、毛刺等，水冷后送化验室分析。

C　测温（定氧）取样就地操作台手动操作

（1）接通电源开关。

（2）按试灯按钮，注意所有指示灯应亮，如有不亮则联系更换。

（3）将 X 号开关转换到"测温或取样"挡。

（4）将 X 号开关转换到"手动测量"挡。

（5）装测温（定氧）或取样探头。

（6）按 X 号按钮，测枪下降，由操作者控制插入深度。

（7）灯亮 X 秒后，按 X 号按钮，测枪上升。

（8）按 X 号按钮，测枪到达停放位。

（9）取下取样探头，去掉飞边、毛刺等，水冷后送化验室分析。

2.1.3.5　RH 处理操作

A　脱气操作前的检查确认

（1）真空室台车：台车运行前，检查联锁条件是否完好；空操作观察运行是否平稳，有无异物、杂音、车轮有无啃道、卡阻现象；确认 1 号或 2 号真空室台车在处理位置；确认冷凝器主水阀常开；选择预抽泵。

（2）吹氩系统：现场检查确认吹氩管无泄漏。

（3）液压系统：检查油箱温度是否在 30~50℃；检查液位是否在正常范围之内；检查冷却器、加热器是否正常运行；检查各种仪表、发汛装置是否损坏；检查系统中所有截

止阀是否处于正常开启状态；检查管线中所有换向电动、手动是否灵活、准确；试运行操作；检查过滤器是否堵塞；试动各油缸，观察油缸运行是否正常；在试运行中，应认真全面检查系统是否泄漏。

（4）测温取样系统：检查测温仪表是否正常；确认风动送样设备正常；确认取样、测温枪是否坏。

（5）密封罐（热井）：确认密封罐（热井）密封良好；操作前在 CRT"真空泵"画面上确认热井水位；"手动"检查三台提升泵是否能正常启动、关闭。

（6）真空泵系统：确认蒸汽、温度、压力是否达到要求；确认冷凝水水温、冷却水流量、压力是否达到要求；确认各级泵工作时对应的阀是否能正常开闭；确认蒸汽放水、汽包放水以及破空阀能否正常开闭；确认主截止阀能否正常开闭。

（7）确认排水泵状态正确，通知水处理送水。

（8）确认循环气体压力、流量正常。

（9）确认机械冷却水压力、流量正常。

B　操作程序

（1）真空室台车：当需要动真空室台车时，将真空室台车运行到处理位；确认真空室台车锁定；确认水冷弯头与水冷气动伸缩接头已连接并密封。

（2）钢水罐车：确认钢水罐车开到顶升位；确认钢水罐车由液压系统顶升到处理位；用鼠标点击画面按钮，程序与（1）相同。

（3）真空加料系统：当需要加合金料时，根据工艺要求配料；启动皮带，将料放入真空加料斗上料钟；开上料钟，将料放入下料钟，之后关闭上料钟；开下料钟，将料放入钢水罐中；关闭下料钟。

（4）热井：操作可"自动""手动"；真空工作完后将 CRT 画面中热井选"自动"；水阀、泵停电。

自动：水阀、泵、真空泵送电；选 CRT"真空泵"画面；用鼠标点热井"自动"。

手动：水阀、泵、真空泵送电；选 CRT"真空泵"画面；用鼠标点热井"手动"；根据需要在操作台上启动泵。

（5）真空泵系统：送水，送汽，关疏水器旁通，关蒸汽总管放水阀，微开蒸汽总阀暖管（夏天大于 15′，冬天大于 30′），全开蒸汽总阀，在 CRT 上选无预抽（预抽）运行，人工确认处理结束，在 CRT 上选 STOP。

C　真空泵启动顺序

真空泵的启动顺序见表 2-6。

表 2-6　真空泵的启动顺序

真空泵	B1	B2	B3	E4A	E4B	E5A	E5B
大气压						○	○
35kPa				○	○	○	○
8kPa			○	○		○	
2.5kPa		○	○	○		○	
500Pa	○	○	○	○		○	

注："○"表示开。

D 冷凝器启动顺序

按照真空度和泵启动要求，冷凝器的启动见表2-7。

表 2-7 冷凝器的启动顺序

冷凝水阀	上部阀	下部阀	上部阀	下部阀	上部阀	下部阀
真空压力	冷凝器 C3		冷凝器 C2		冷凝器 C1	
101.3 ~ 8kPa	○	○	○	○	○	
8 ~ 0.5kPa	○		○		○	○

注："○"表示开。

E 脱气手动操作

（1）打开蒸汽管道中的手动阀门。

（2）真空泵"自动/手动"选择开关须选在"手动"位置。注意蒸汽压力不小于0.8MPa，处理前真空切断阀在关的位置。

（3）用选择开关选择3台排水泵中的任意2台，并要求将开关置于"自动"，水处理送水后根据水位指示检查水泵工作是否正常。

（4）X 和 X 号冷却水阀。

（5）启动 E5A 和 E5B。

（6）当压力达到 20kPa 时，启动 E4A 和 E4B。

（7）当压力达到 8kPa 时，关闭 E5B 和 E4B，并关闭 X 号冷却水阀。

（8）开始处理时，打开真空切断阀，整个真空系统压力约 40kPa，此时关闭 E4A 要注意的是只有当废气量明显下降后才可以启动前一级真空泵。

（9）压力达到 20kPa 时，再启动 E4A。

（10）压力达到 8kPa 时，打开 X 号冷却水阀，启动 B3。

（11）压力达到 2.5kPa 时，启动 B2。

（12）压力达到 0.5kPa 时，启动 B1，最终压力可达到 67kPa。

（13）处理结束，关真空切断阀，真空室充氮破坏真空。如果继续生产，泵系统可以不破坏真空。

（14）关闭真空泵的顺序是 B1、B2、B3、E4、E5。

（15）关闭与真空泵相关的冷凝水。

2.1.3.6 RH 合金添加操作

A 自动加料操作

（1）翻板阀，返料阀自动转到加料位。

（2）选择相应料仓给料器，设定称料数量。

（3）按 XX 键，开始自动称料。

（4）系统自动将料下到下料斗内。

（5）系统自动将料加入真空室内。

（6）当所有合金加完后，关闭加料管道、翻板阀。

B A1、C 旋转给料器真空电振的操作

（1）RH 处理之前，打开上料阀，启动相应料仓电振，直到真空料斗充满，信号指示灯亮为止。如果选择半自动或自动方式时，以上过程将自动发生。

（2）处理过程中，随时需要加入料时，将数量设定在相应位。

（3）按 X 键，系统自动将设定数量料加入真空室中（只有当系统处于真空状态时才能加入 A1、C）。

2.1.3.7　RH 处理结束操作

（1）确认合金加入后的循环时间。注意正常情况下，合金加完后循环时间不小于 2.5min，特殊情况下适当延长循环时间。

（2）同主操工联系可以进行排气结束工作。

（3）关闭 B1、B2、B3、E4A、E5A。

（4）操纵液压顶升下降，使钢包下降距离相当于停止排气时液面上升的距离。

（5）关闭真空切断阀。

（6）打开复压氮气阀。注意，防止过充氮气。

（7）关闭复压氮气阀。

（8）操作液压顶升下降到零位。

（9）将钢包车开到加保温剂位置。

（10）加入足够的保温剂将液面完全均匀覆盖。

（11）将钢包车开到吊包位，指挥行车起吊。

2.1.3.8　喷补机操作

A　操作前的准备工作

（1）将喷补机开到喷补位。

（2）确认喷补机用水压力不小于 100kPa（1bar），压缩空气压力不小于 600kPa（6bar）。

（3）将水管、压缩空气管道和送料管连接好。

（4）接通电源。

B　插入管外侧喷补

a　手动控制

（1）将控制箱上的选择开关转到"手动"位置。

（2）在遥控盘上将选择开关转到"外喷"。

（3）将喷补料装入料斗里。

（4）按喷枪"上升"按钮，喷枪上升到喷补位。

（5）按"开关转送"，将空气、水和送料管的阀门打开，开始喷补。注意喷补机料斗内的喷补料要及时添加。

（6）需调整喷枪角度时，按喷枪转动按钮。

（7）按喷枪转动按钮，则调整喷枪喷补方向。

（8）喷补完毕关闭空气，水和送料管的阀门。

（9）按喷枪"下降"按钮喷枪下降到下极限位。

（10）按 X 号按钮，由转盘转动 180°。用同样的方法喷补另一个插入管。

（11）喷补结束，将水、压缩空气和送料管卸下。

（12）将控制电源转到"0"断开主开关。

b 自动控制

（1）将控制箱上的选择开关转到"自动"位置。

（2）预选喷补高度。

（3）将喷补料装入料斗里。

（4）按下"自动喷补"开始按钮，枪上升到预选的喷补高度。

（5）水、压缩空气和喷补料同时供应。

（6）喷枪按照程序开始喷补。

（7）若将钥匙开关转到"0"，则喷枪停止工作，水和空气滞后一定时间停止供给。

（8）再将钥匙开关转到"1"，自动喷补又开始。注意喷枪达到预定的终点自动停止喷补。

（9）按 X 号绿色按钮，由转盘转动180°，用同样的方法喷补另一个插入管外侧。

（10）喷补结束将水管，压缩空气气管及送料管卸下。

（11）将控制电源转到"0"，断开主开关。

C 插入管内侧喷补

（1）在控制盘上选择喷补程序。

（2）将功能开关转到自动。

（3）将喷补料装入料斗里。

（4）将钥匙开关转到自动"1"。

（5）将钥匙开关转到自动"0"可中断喷补。

（6）再将钥匙开关转到自动"1"，自动喷补将再开始。

（7）按 X 号按钮，则转盘转动180°，用同样的方法喷补另一个插入管的内侧。注意喷枪上升到开始喷补高度，压缩空气、水、喷补料接通。

（8）喷补结束将水管，压缩空气管及关料管卸下。当喷枪达到预定的终点自动停止喷补。

（9）将控制电源转"0"，断开主开关，确认内喷枪到下极限位。

2.1.4 设备运转中注意事项及异常状态的处理

2.1.4.1 真空室台车

A 注意事项

（1）开车前室外人员必须确认轨道附近无行人和障碍物方可动车。

（2）真空室破空真空表回零后方可降钢水罐车。

（3）真空处理钢水后钢水罐车完全降下方可开动真空室台车。

B 异常状态的紧急处理

（1）若极限开关失灵，则手动操作停车。

（2）当真空罐盖内屏蔽盖下坠造成真空罐盖车打不动时，解除操作台上联锁，通知电工解除现场油缸极限，在操作台或画面上将真空罐盖升到极限处，开至所要去的方向。

2.1.4.2 吹氩系统

在吹氩观察中，要注意观察罐内钢水的翻腾状况，调整吹氩流量，防止钢水溢出。

2.1.4.3　热井

（1）使用"手动"操作前必须有人监视画面"水位"，严禁将水抽干。

（2）操作台上或 CRT 上不能启动泵时，通知检修人员机旁（选现场操作）操作或处理故障。

2.1.4.4　液压系统

当发生油管破裂及密封失效大量漏油时，必须马上切断电源，通知厂调及维护人员进行处理。

2.1.4.5　真空泵系统

（1）必须在破空后方能降钢水罐车。

（2）必须在主截止阀关到位后方能破空。

（3）当各级泵对应状态下的阀不能正常开闭时通知检修人员进行处理。

（4）蒸气压力达不到要求时通知提压。

（5）冷凝水温度高时通知水处理协调加大水量或开风机或溢流。

2.2　RH 炉真空精炼处理技术操作规程

2.2.1　操作人员职责

（1）负责真空设备的生产工艺操作，并按计划完成钢水的处理，积极配合科研试验等。

（2）完成厂和车间下达的技术经济指标。

（3）负责真空室浸渍管、各种设备、仪表的检查，发现问题及时联系相关部门处理，确认处理正常后方可作业。

（4）牢固树立"质量第一"的思想，遵守各项规章制度，执行各类技术标准和安全规程，严格执行厂调度及车间的生产指令，服从指挥，完成本岗位各项任务，实现安全文明生产。

（5）对因违反作业标准、规程的规定造成的各类事故负责。

（6）积极参加技术，操作技能培训及岗位练兵活动，认真钻研岗位技术，提高操作水平。

（7）做到文明生产，安全生产和环保达标。

2.2.2　精炼操作前的准备

（1）检查各料仓存料、种类及数量。

（2）检查真空室各部位耐火材料浸蚀情况（第一炉生产时应保证真空室和插入管的烘烤效果较好，真空室内衬表面温度不低于 1200℃）。

（3）检查生产所用材料、工、器具是否齐全。

（4）联系送汽、送水；确认各种介质符合使用要求。

（5）检查及确认RH各部位设备系统检测仪表是否正常，是否有漏水、漏气、漏油现象。

（6）检查合金加料装置和合金溜槽是否畅通。

（7）检查多功能喷嘴（MFB枪）是否能正常使用。

（8）检查确认液压顶升装置是否完好。

（9）冶炼前确认钢种冶炼标准。

2.2.3　真空处理操作条件

2.2.3.1　能源介质条件

能源介质条件应满足表2-8要求。

表2-8　能源介质条件

介质名称	压力/MPa	最大流量（标态）/$m^3 \cdot h^{-1}$	其他指标	主要用户
氩气	1.0	350	纯度99.99%	（1）提升气体； （2）待机位氩气管供气； （3）透气砖
氮气	0.4~0.6	800	纯度99.99%	（1）提升气体； （2）待机位氩气管供气； （3）预热站氩气管供气； （4）气冷器氮封； （5）真空料斗破空； （6）TV摄像机； （7）真空室更换期保护气； （8）氩气罐； （9）顶枪吹扫； （10）顶枪事故驱动
氧气	1.0	2500	纯度99.5%	（1）顶枪； （2）气体烧嘴
压缩空气	0.4~0.5	1800	无尘、无油、无腐蚀； 露点-40℃	（1）喷补机； （2）真空室底部冷却
蒸汽	0.8~1.0	20t/h	温度180℃	（1）喷射泵； （2）增压泵
冷凝水（进水）	0.5	1000	悬浮物小于400mg/L； pH值7~8； 温度低于35℃	冷凝器
冷凝水（出水）	0.5	1000	悬浮物增加值小于150mg/L； 温度低于44.5℃	
设备冷却水（进水）	0.8	350	悬浮物增加值小于10mg/L； pH值7~8； 总硬度小于10dh； 碳酸盐硬度小于10dh； 温度低于40℃	（1）真空室系统； （2）气体冷却器； （3）顶枪； （4）摄像头； （5）预热站； （6）待机位

2.2.3.2　钢包条件

（1）包沿无渣或少渣，禁止带有残钢。

（2）要求热周转钢包。

（3）钢包自由净空 200～400mm。

2.2.3.3　真空室条件

（1）真空室烘烤的目标温度需大于 1150℃，并保温 12h 以上，方可安排真空处理。真空室的内衬温度小于 1000℃，不得进行真空处理。

（2）循环气体流量（标态）达到 40～72m^3/h 且在该范围内可调。

2.2.4　操作程序和标准

具体操作程序见表 2-9。

表 2-9　工作程序、工作内容和工作要求

工作程序		工作内容	操作人员	工作要求
步骤	项目			
（1）交接班制度	交班	（1）交班必须在岗位上对口交班； （2）交班时，当面交清本班生产情况，设备运行情况，故障处理情况等； （3）交班前应将操作室平台、操作室、钢包车及轨道两边的地坑、地面清扫干净； （4）在交接班本上，将本岗位的生产情况，设备运行情况，事故处理情况及遗留问题填写清楚	炉长、处理工	严肃认真，发扬风格，不推诿、不扯皮
	接班	（1）坚持每天的班前会，炉长检查当班人员的劳保穿戴是否符合要求，提出生产过程中应该注意的安全事项； （2）布置厂、车间的各项生产任务； （3）安排当班人员及有关生产组织工作； （4）接班必须在岗位上进行，检查各仪表运行是否正常； （5）发现问题，及时报告炉长，严禁设备带病作业； （6）交接班发生异议由炉长协调并做好记录，如果决定不了交车间裁决		严肃认真，做好生产前准备工作
（2）作业前的检查	具体作业	（1）各岗位人员进行岗位设备检查及各种准备工作，对反映出来的问题，配合填写 RH 设备点检记录； （2）检查液压顶升系统是否正常； （3）检查钢包车运行是否正常； （4）检查测温、取样、定氧枪是否正常； （5）检查浸渍管的使用情况； （6）检查喂丝及吹氩系统是否正常； （7）检查待机位真空槽烘烤情况； （8）检查维修台车、清渣器、喷补机是否良好	炉长、处理工	认真负责，仔细检查，发现问题及时汇报并确认处理结果

工作程序		工作内容	操作人员	工作要求
步骤	项目			
（3）真空处理操作	(1)炉长的作业指挥	（1）确认需要处理的钢种及条件要求； （2）钢包就位过程中，安排启动真空泵，进行预抽真空； （3）组织指挥岗位人员进行设备操作，钢水的真空处理； （4）掌握钢水的真空处理情况，发现问题要及时果断处理	炉长	认真负责，情况清楚，指令明确
	(2)钢包车及顶升操作	（1）钢包在接收位就位脱钩后操作钢包车到处理位； （2）确认渣层和钢包净空符合要求后，操作钢包车液压顶升，以便进行测温、取样、定氧操作； （3）操作钢包车顶升过程中，浸渍管接触钢液面时，观察浸渍管插入深度计数器。根据渣厚情况，浸渍管在钢液中的有效插入深度达到 500~600mm 时，停止钢包车的液压顶升	处理工	确认情况，精心操作
	(3)测温、取样、定氧操作	钢水处理过程中根据工艺要求进行测温、取样、定氧操作	平台工	确认情况，精心操作
（4）真空处理结束操作	(1)炉长的作业指挥	（1）根据钢种的工艺要求，通知真空操作工结束真空处理； （2）待钢包吊往连铸后，检查真空室结瘤情况，浸渍管蚀损情况确定是否需要化渣处理及喷补操作，并且立即组织实施； （3）顶枪加热过程中出现故障报警，必须进行氮气吹扫	炉长	认真负责、确认清楚、发现问题及时处理，并确认处理结果
	(2)钢包车的操作	待液压顶升下降到位后，开动钢包车至喂线位	处理工	积极配合、精心操作、注意安全
（5）吹氩、喂线操作	吹氩、喂线操作	（1）根据处理钢种及工艺要求，进行吹氩、喂线操作； （2）操作工与处理工协调配合进行吹氩、喂线操作	平台工	积极配合、精心操作、注意安全
（6）真空室的烘烤、保温操作	真空室的烘烤、保温操作	（1）根据生产任务情况，在非处理期间，实施真空室的保温及化渣操作； （2）要严格执行真空室的烘烤保温及化渣操作技术规范	处理工	情况清楚、认真负责
（7）真空室的切换操作	真空室切换	（1）根据生产要求，岗位人员协调配合实施真空室的切换操作； （2）切换后做好移动弯管密封处的检查，确保真空度与真空处理效果	处理工	积极配合、精心操作、注意安全
（8）真空室的更换操作	真空室的更换	（1）根据操作技术要求，组织岗位人员，配合电钳工，实施真空室的更换操作； （2）做好真空室上下线情况记录； （3）确认需要下线的真空槽必须及时化冷钢操作，处理完后由操作人员与耐火材料维护人员现场共同确认是否达到标准	处理工	积极配合、精心操作、注意安全
（9）浸渍管的维护操作	浸渍管的维护操作	处理完钢水后，确认需要对浸渍管进行维护，由炉长通知维护人员进行热态喷补	炉长	积极配合、精心操作、注意安全

2.2.5　一般规定及要求

2.2.5.1　真空处理室内操作

（1）上岗前必须确认有无操作牌，检查室内各设备的仪表、信号指示灯、按钮是否完好，各操作监控画面的指示是否与设备状态一致。

（2）开动钢包车前，必须确认轨道两侧无人和无障碍物，严禁碰撞车到两头的挡车装置。

（3）起坐钢包时，钢包车必须在吊运位。

（4）严禁执行操作牌制度，真空设备维护、检修完毕后，必须确认检查人员已撤离现场，设备操作牌已摘取，设备已满足运行条件后方可按正常作业程序试操作。

（5）浸渍管在钢水中达到规定的插入深度后，方可打开真空阀，启动真空泵。

（6）真空处理结束时，真空室内压力未达到大气常压，严禁下降钢包车。

（7）钢水在处理过程中严禁下降钢包车。

（8）各设备的连锁条件不满足时，严禁以各种方式操作设备。

（9）停送水、电、汽前，必须做好准备工作，不得乱动紧急事故按钮，在与相关部门联系好后方能停送水、电、汽。

（10）严禁非本岗位人员进入操作室及乱动设备，严禁操作非本岗位的设备及电气仪表。

2.2.5.2　真空处理室外操作

（1）与室内操作人员联系配合，检查钢包车，液压顶升，顶枪、预热枪等设备是否具备安全生产条件。特别是设备的极限保护功能和一些重要的连锁条件是否正常。

（2）上岗前检查确认所使用的工器具、专用吊具等是否具备安全生产条件。

（3）检查确认各能源介质管道、阀门有无泄漏，冷却部件的冷却水是否正常。

（4）严禁在煤气区域生火取暖与吸烟，进入煤气区域必须携带 CO 报警仪。

2.2.5.3　真空精炼安全操作规定

（1）指吊必须站在安全、有退路的地方进行。钢水包进出 RH 炉，应站在定点位置指挥起吊，确认主钩挂钩、脱钩到位后，方可指挥行车工起钩、落钩。吊运钢水包、枪、真空槽、U 形槽等进出 RH 炉全过程必须进行指挥、监护。

（2）吊渣斗必须戴好手套，挂钢丝绳要确认好，手不要放在钢丝绳和耳轴内，防止手被夹伤。翻渣斗时，指挥周围人员撤离至安全区域。事故坑定期清理，事故坑不得有积水或其他堆积物。

（3）上 RH 炉塔楼三楼以上故障检查、巡查时必须两人以上，带好煤气检测仪。

（4）真空槽点火程序：打开氮气吹扫预热枪和真空槽 5min 以上，提出预热枪至真空槽上方，关闭吹扫阀门。炉长和一名操作工到五楼点火，一名操作工在电脑画面操作煤气、氧气阀门。炉长先将点火管点着后放在预热枪头处，电话通知电脑画面操作打开点火煤气，点着后，再电话通知打开点火氧气，预热枪煤氧充分燃烧后再电话通知下降预热枪至真空槽内。点好火后，先将烘烤氧气调至30%左右、煤气调节阀16%左右，再打开煤气、氧气的快切阀，再关闭点火煤气、氧气完成切换。禁止先下枪再开氧气。

（5）预热枪点火必须在真空槽上方进行，禁止在槽内点火。点火不成功后立即打开氮气阀门进行吹扫2min以上。真空槽烘烤完毕，预热枪提出真空槽后，立即开氮气对预热枪进行吹扫。

（6）预热枪手动点火应先开煤气，后开氧气。烘烤完毕应先关氧气再关煤气阀门，并确认关闭两道阀门以上。烘烤结束后应检查顶枪或预热枪是否有煤气泄漏。

（7）真空槽烘烤，煤气、氧气供气流量配比应保持在1:2。烘烤过程中应定期检查真空槽上下口及周围是否有燃烧不充分的煤气飘散，若有煤气飘散，及时调整煤气、氧气供气配比。

（8）热井和RH炉真空泵系统区域的各层平台为危险区域，RH处理过程中禁止人员在此区域行走、停留或处理故障。若因故障处理必须进入此区域，必须先进行复压，采取可靠安全措施后处理。

（9）精炼工对上RH炉的钢水情况进行了解，未吹氩钢水拒收、钢水过满拒收、合金加包底拒收和氧性过高（≥100ppm）拒收，防止钢水大翻。

（10）真空槽下方禁止人员行走、停留或作业。如因工作需要，必须先采取可靠的安全措施后方可进行。

（11）在二楼、三楼前方平台作业时，时刻关注行车吊钢水上3号、4号机，遇钢水上3号、4号机时，主动避让至安全区域。

（12）钢包台车、槽车、维修平车操作前，必须先确认平车周围、轨道两侧无人、无异物，防止挤压伤害。

（13）喂丝前确认丝卷附近无人，喂丝期间不可靠近丝卷。卡丝、断丝等喂丝机故障时，必须先停机后处理。

（14）测温取样必须戴好防护面罩，侧身站立，防止热渣、钢水飞溅灼伤。

（15）有连锁解除或故障，必须在交接班本上做警示记录，并迅速联系相关人员处理。

（16）移动设备手动操作时，禁止用限位作开关使用。

（17）出操作室至各现场进行操作，必须行走于规定的安全通道、楼梯，禁止穿越危害区域。

（18）设备检修时，配合检修工做好停机、拉电和挂牌，禁止随意开启、操作设备。检修完毕，与检修工一起做好设备的确认工作，确认后方可进行开机。

（19）在七楼摆动皮带机区域作业，注意过往行车驾驶室底部撞人和皮带机摆动时伤人。

（20）吹氧清真空槽、浸渍管的冷钢、渣，必须确认清渣台车上无人后进行。人工清理时必须到主控室内挂牌后进行，清理时人离开真空槽下方，站在安全的地方进行。

2.2.6　真空处理操作

2.2.6.1　指挥人员的操作

（1）天车指挥人员佩戴标志和对讲机，依据天车管理规定进行指挥天车，将钢水罐坐在钢包车上。钢包在就位过程中,即可启动真空泵,预抽到 20kPa 左右。

(2)指挥车人员确认钢包车周围及轨道无障碍物,与操作室联系;7.9m 平台必须有人观察罐沿是否超高、超宽,钢包车行走时,卷筒是否将电缆收齐,观察人员与地面开钢包车人员联系,确认停位精度,防止撞插入管或顶升时挤插入管。

2.2.6.2　处理工位的操作

(1)钢包开至处理工位,测量渣厚、钢包自由净空及测温、定氧、取样。操作台操作人员按要求测量渣层厚度,渣厚测用标尺测量,当渣厚大于 300mm 要进行二次测渣厚,组长负责把关,大于 300mm 拒处理。如符合要求则进行测温,取样或定氧,温度符合处理要求,则进行下步操作(注意钢水量及净空高度和钢包沿的情况)。

(2)钢包开至处理工位,操作液压顶升系统。当液压在顶升的过程中泵操作工注意观察氮是否自动切换成氩气,并根据钢种要求调节氩气流量,根据到站温度,生产节奏控制好开始时间。

(3)当浸渍管下端全部接触到渣面时,观察插入深度计数器,插入深度 500 ~ 600mm。新插入管或刚喷补过的插入管必须干燥 5min,防止喷溅伤人,开始前取样平台人员撤离。根据真空处理开始后钢包液面的下降情况可适当调整顶升行程。浸渍管插入到位后,开始真空处理操作。

2.2.6.3　真空处理操作

(1)泵工选择工作位(1 号或 2 号),选择"真空"操作模式,根据钢种要求启动真空泵,调节氩气量,主截止阀开时顶升操作台根据液面高度变化及时向上顶升 100 ~ 150mm,确保插入管的插入钢水实际深度符合要求。

(2)根据钢种冶炼标准,选择相应的处理模式,进行真空度的控制。

(3)根据钢种及处理模式选择相对应的氩气控制模式。

(4)如果到站温度偏低,或碳高需要吹氧升温或脱碳时,根据废气量的变化控制真空泵的启动,处理 2min 后下氧枪时,真空泵启动 5A、5B、4A,防止吹氧过程喷溅。

(5)根据到站温度及含氧量计算出吹氧量,氧枪选择吹氧模式,枪位设定为 13500mm,流速(标态)设定为 1500L/min,设定吹氧量,按开始启动氧枪吹氧,在吹氧过程中,从摄像头画面和废气流量表来观察碳氧反应的激烈程度,避免喷溅过大。

(6)合金工根据钢种操作要点及到站成分和钢水中的氧含量,进行合金配料,泵工监护合金工选择料仓,确认合金称重是否准确。合金加入顺序:先脱氧后合金化;钢中氧含量超过 400ppm 时严禁加合金。

(7)操作顶升台根据合金加入量大小,钢液面上涨情况调节插入深度。在生产过程中操作顶升台人员必须随时监控液面波动(在适当时候可以通过顶升的上下移动),防止钢渣与插入管周边结壳。

2.2.6.4　浸渍管循环气体的操作

(1)浸渍管循环气体的操作控制分为自动、手动控制,可通过"环流气体系统画面"

进行操作。

（2）处理时浸渍管循环气体一律选用氩气。处理过程中供氩故障Ar/N$_2$自动切换。

（3）非处理期间循环气体一律用氮气，用气量（标态）为30m^3/h。

（4）对于完全脱氧的钢种，整个处理过程浸渍管循环气体流量（标态）的设定为60～72m^3/h。

2.2.6.5 取样、测温、定氧操作

（1）测温、取样、定氧，由自动测温取样系统完成，手动测定。

（2）系统故障时，手动测定：

1）取样、测温、定氧操作时，枪应插入钢液深400～500mm。

2）定氧时，定氧控头浸入钢水时间约为5～7s。

（3）取样、测温、定氧次数按"各钢种技术操作规程"执行。

（4）送往快速分析室，试样采用水冷。

2.2.6.6 温度控制操作

（1）过程温降按表2-10执行（已脱氧钢水）。

表2-10　处理时间和温降

处理时间/min	<10	10～15	15～20	20～25	25～30
温降/℃	30	35	40	45	50

（2）废钢降温操作：

$$\Delta T = \Delta T_{真空工序温降} - (T_{到站} - T_{出站})$$

（3）若$\Delta T < 0$，说明在RH处理过程中需要考虑废钢降温或适当延长处理时间；若$\Delta T = 0$，不需要废钢降温；若$\Delta T > 0$，不允许降温。

（4）废钢对钢水温度的影响为50kg/℃，废钢应在合金化前加入。

2.2.6.7 真空泵系统的操作

（1）真空切断阀可自动、手动操作控制。正常情况下，采用自动模式操作。

（2）真空泵可由自动、手动操作控制，可通过真空系统画面进行操作。正常情况下，一般采用自动模式操作。

（3）任何方式下真空泵的启动顺序为S5A→（S5B）→S4A（→S4B）→B3→B2→B1，其停泵顺序为B1→B2→B3→S4A（S4B）→S5A（S5B）。不能越级启动或停止。

（4）在真空泵S5A、S5B、S4A、S4B运行时冷凝水阀Fv6345、Fv6347开启；在真空泵B3、B2、B1运行时冷凝水阀Fv6349开启。冷凝水阀Fv6345、Fv6347与Fv6349的开关互为联锁。

（5）任何方式下真空泵的启动顺序、冷凝水耗量、蒸汽耗量、抽气能力与真空度关系见表2-11。

表 2-11　真空泵的启动顺序、冷凝水耗量、蒸汽耗量、抽气能力与真空度关系

模式代号	真空度/Pa	1B	2B	3B	4EA	4EB	5EA	5EB	蒸汽耗量 /kg·h^{-1}	抽气量 /kg·h^{-1}
A	101 ~ 35000Pa	×	×	×	×	×	○	○	10400	≥5800
B	35 ~ 8900Pa	×	×	×	○	○	○	○	≤19400	≥4000
C	8.9 ~ 2700Pa	×	×	○	○	○	○	×	13200	≥2450
D	0.27 ~ 500Pa	×	○	○	○	×	○	×	16400	≥2000
E	0.5 ~ 670Pa	○	○	○	○	×	○	×	19400	≥600

注：1. 冷却水耗量为最大 1000m³/h，进水温度：35℃；

　　2. "×"为蒸汽关，"○"为蒸汽通。

（6）真空泵的极限真空度可达到 67Pa：

1）真空泵 S5A（S5B）、S4A（S4B）、B3、B2、B1 运行时，冷凝水温差为：$\Delta C_1 = 0℃$，$\Delta C_2 \leqslant 20℃$，$\Delta C_3 \leqslant 23℃$；真空泵 S5A、S4A、B3、B2、B1 运行时，冷凝水温差为：$\Delta C_1 \leqslant 7℃$，$\Delta C_2 \leqslant 20℃$，$\Delta C_3 \leqslant 23℃$。

2）压力控制装置动作灵敏可靠，真空度波动在 ±30Pa。

3）真空泵逐级启动后，真空度应逐步提高，不应有回弹、波动现象。

（7）真空压力控制按"各钢种技术操作规程"执行。

（8）真空处理过程中，若真空度达不到"各钢种技术操作规程"要求的最低压力，不得处理该钢种，并进行检漏工作。

（9）真空处理过程中，应密切观察真空泵系统的运行状态：蒸汽的压力温度、冷凝水的进水压力温度流量、真空泵的启动顺序、冷凝水的开关、检测的真空度及废气流量和检测的冷凝水温差是否正常，发现异常及时联系处理。

（10）在手动操作启动真空泵时，真空度未达到下一级泵的启动条件，禁止启动下一级泵。下一级泵启动后，真空度未能提高反而下降应停止下一级泵的运行。

2.2.6.8　合金化操作

（1）RH 常用合金收得率见表 2-12。

表 2-12　RH 常用合金收得率

合 金 名 称	RH 收得率/%	合 金 名 称	RH 收得率/%
HC-FeMn	90	Fe-V	100
LC-FeMn	95	Fe-Ti	75
Fe-Si	90	Fe-B	70 ~ 80
增碳剂	95	Fe-Nb	95
Al	75 ~ 85	Fe-Mo	100
HC-FeCr	100	Ni 板	100
LC-FeCr	100	Cu 板	100
MC-FeCr	100	Fe-P	95

（2）合金加入量的计算如下：

$$Q（\text{kg}）=\frac{\text{合金元素调整量（\%）}\times\text{钢水量（kg）}}{\text{合金收得率}\times\text{合金元素含量（\%）}}$$

注：合金元素调整量(%)=该元素成分精度值(%)-合金加入前钢水中该元素含量(%)。

（3）合金的加入顺序为：

1）真空脱氧钢种：出钢过程先脱氧，真空工序合金化顺序：Al→FeSi→FeMn→C→微合金元素。

2）清洁度较高成分波动范围较窄的钢种：出钢过程先脱氧，真空工序合金化顺序：FeSi→FeMn→C→微合金元素。

3）合金加入速度按钢液循环流量的1%控制，即最大不大于800kg/min。

4）合金化操作时先在"加料系统"画面选择合金化方向为"1号工位或2号工位"。

5）合金化操作可分为自动、手动两种操作方式，可通过合金称量系统"设定料单""合金投入系统""真空料斗"三个画面进行操作。正常情况下，采用自动方式进行操作。

6）合金称量添加操作应严格遵守合金化顺序，并通过合金称量系统"设定料单""合金投入系统""真空料斗"三个画面以及高温工业TV摄像监视合金称量及添加操作的执行过程，发现异常及时联系处理。

7）最后一批料通过真空振动给料器后，真空振动给料器需再振动1min，以确保所有合金都加入到真空室内。

8）确认所需合金全部加完后，均匀化3~5min，即可结束真空处理。

9）冷却剂在12min前投入，投入量不大于1t。

2.2.6.9　处理结束操作

（1）根据净空、渣厚、顶升行程参数，真空处理结束前可操作钢包液压系统下降钢包，最大值不超过200min。

（2）真空室内压力大于90kPa后，操作液压系统下降钢包。

（3）自动或手动停止真空泵（连续处理预抽真空）。

2.2.7　顶枪的操作

2.2.7.1　顶枪枪位控制

顶枪枪位控制见表2-13。

表2-13　顶枪枪位控制表

顶 枪 位 置	以槽底耐火材料上表面为0标高/mm
槽外上限位	10450
槽外待机位	10200
槽内待机位	8710
吹氧脱碳位	4500~5000
吹氧升温位	4500~5000
非常下限位	3300
槽底耐火材料标高	0

2.2.7.2　顶枪的特点

（1）缩短了脱碳时间：冶炼超低碳钢时，在真空度较低、钢水中脱碳用［O］总量不足时，顶枪的供氧可以有效地提高脱碳速度，促进脱碳。

（2）在脱碳初期强制脱碳时，$2CO + O_2 = 2CO_2$ 的二次燃烧反应具有加热钢水的作用。可以加铝吹氧对钢水进行化学升温（$\geq 4℃/min$）。

（3）顶枪不提高 RH 处理终渣中（FeO）和合格钢中［O］。

（4）可以在处理间歇时间较长（$> 30min$）时，利用顶枪吹入焦炉煤气（COG）及 O_2，对耐火材料进行补充加热。

（5）非处理期间可以采用较大流量的氧气/煤气燃烧加热，可以很好地清除真空槽内壁的冷钢。

2.2.7.3　顶枪的一般操作

（1）顶枪的驱动及冷却水阀可由自动、手动操作控制。正常情况下，一般采用自动方式操作。

（2）顶枪保护气体一律选用氮气。

2.2.7.4　真空室在线用顶枪的除瘤操作

（1）顶枪化渣除瘤操作只有自动操作方式，可通过"顶枪控制系统"画面进行操作。

（2）顶枪化渣除瘤操作步骤为 6.0m—5.0m—4.5m—5.0m—6m—5m—4.5m—5m 的顺序，对应煤氧流量（标态）为 $600m^3/h$—$650m^3/h$—$700m^3/h$—$750m^3/h$—$750m^3/h$—$700m^3/h$—$700m^3/h$—$700m^3/h$，枪在每个位置的停留时间为 3min，进行一次循环完成化渣。

2.2.7.5　真空室在线用顶枪的保温操作

（1）顶枪保温操作可通过"顶枪控制系统"画面进行操作。

（2）保温时顶枪操作步骤为：枪位按 6.0m—5.0m 的顺序，对应煤氧流量（标态）为 $130 \sim 160m^3/h$（煤氧比为 1:0.8），枪在每个位置的停留时间为 30min，循环执行保温操作。

2.2.8　喂丝操作

（1）调整吹氩强度，使钢液面出现小块裸露。

（2）固体线从裸露的钢液面处垂直喂入。

（3）优化喂线速度，提高合金收得率。根据固体线种类，喂线速度在 $2.5 \sim 4.2m/s$ 调整。

（4）进行 Ca 处理时喂线期间钢液面不裸露，喂完线后吹氩 5min，其他固体线喂完后吹氩 $2 \sim 6min$。

2.2.9　浸渍管的喷补标准

2.2.9.1　喷补技术的规定

(1) 处理4~5炉钢水必须对浸渍管外壁进行一次喷补。

(2) 喷补前用清渣器清理浸渍管外壁上的残钢，清理要干净，直到浇注料裸露。

(3) 对浸渍管外壁浸蚀严重的地方要进行重点喷补。

(4) 喷补要求在红热态下进行。

(5) 喷补料的附着、烧结情况要良好。

(6) 喷补层厚度要求10~15mm。

(7) 新插入管在处理钢水前应进行一次喷补，处理完第一炉钢水后应再进行喷补，修补浇注料的细小裂纹。

2.2.9.2　喷补操作要求

(1) 真空室处理完钢水，立即将浸渍管维修台车开至处理位置。

(2) 用清渣器兼人工方法将浸渍管上粘渣清除干净。

(3) 浸渍管维修台车开至喷补位。

(4) 保持喷枪与浸渍管受喷面成垂直角度。

(5) 喷补机绕浸渍管一环一环地喷补，高度约200mm。新的喷补层在插入管底端形成一环一环向上推进。

(6) 要求分三层喷补，喷补厚度约5mm。每层喷补完成后，干燥10min才能喷补下一层。

(7) 喷补层要粗糙，不能光滑。这样有利于挂料及水分逸出。

(8) 喷补完成后，喷补料干燥时间要保证30min才能处理钢水。

2.2.10　处理结束操作

(1) 主操工确认最后一批合金加入后的循环时间符合工艺要求。

(2) 主操工确认是否进行排气结束工作，如符合要通知顶升工准备钢包操作。

(3) 主操工关闭一级真空泵B1、二级真空泵B2、三级真空泵B3。

(4) 顶升工同时操作液压顶升下降（在关泵前顶升工要先将钢包下降50mm左右），使钢包下降距离相当于复压后液面上升的距离（100~200mm），确保插入管不离开钢液面，确保钢渣面不超过插入管耐火材料高度。

(5) 关闭真空切断阀，开启复压氮气阀。

(6) 真空室内压力达90kPa时关闭氮气阀。

(7) 操作液压顶升下降至液压下极限。

(8) 将钢包车开到加保温剂位。

(9) 按工艺要求进行喂丝或加保温剂操作。

2.2.11　后期要求

(1) 组长或合金工根据插入管涨肥、涨长情况，用煤氧枪烧插入管涨肥、涨长部分，以保证 RH 正常连续冶炼。

（2）真空主操到地面观察插入管内外侵蚀情况及氩气小管畅通情况。

（3）真空主操通知耐火材料维护人员维护好插入管形状。

2.3　双工位 RH 精炼工艺

2.3.1　RH 真空精炼工作原理

真空槽下部设有两个浸渍管（分别为上升管和下降管，如图 2-9 所示），当浸渍管插入钢水一定深度后，真空泵开始启动使真空槽内处于负压状态，在大气与真空槽之间压差的作用下钢水进入真空槽内。与此同时，从上升管下部三分之一处吹入驱动气体（Ar 或 N_2），该气体由于受热和压力降低引起膨胀，气泡体积成倍增加，使钢水比重变小，驱动钢水上升，使其像喷泉一样向真空槽内涌入。随着气泡的破裂，钢水成为细小的液滴，使脱气表面积大大增加（20～30 倍），加速了脱气过程。已脱气的钢水借其自重经下降管流向钢包底部，未经脱气的钢水又不断从上升管进入真空室，从而形成连续的循环过程。

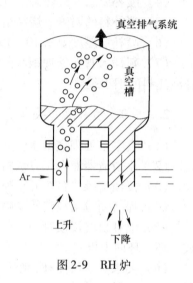

图 2-9　RH 炉

2.3.2　RH 真空精炼可处理钢种

RH 真空精炼三种处理方式的特点和适用钢种见表 2-14。

表 2-14　RH 真空精炼处理方式的特点和适用钢种

处理标准	处理特点和目标	适用钢种	处理时间
轻处理	采用碳脱氧的方式，在真空处理条件下进行碳氧反应。达到脱氧、去夹杂，提高合金元素收得率，降低成本，提高钢水质量的目的。使用较低真空度	SPHD、SPHC、X42～X56	15～20min
本处理	以去除钢水中的氢、氧（脱氧生成物）为主要目的，钢水成分和温度的调整。使用最高真空度（67Pa）	焊接结构钢、合金钢等对 [H] 含量有要求的钢种	28～34min
深脱碳处理	以冶炼超低碳钢为目的，脱碳期控制好真空度，防钢水飞溅，脱碳完毕使用最高真空度。[C] 最低可达 20ppm 以下	超低碳钢	30～35min

2.3.3　双工位 RH 工艺流程

双工位 RH 工艺流程如下：

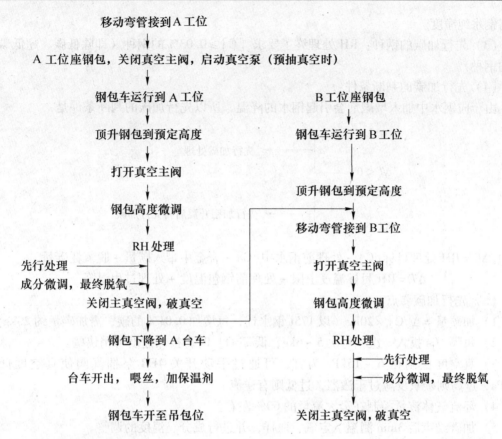

2.3.4 RH 精炼处理制度

2.3.4.1 先行处理制度

A 先行处理

（1）定义：先行处理是指在通常的轻处理、本处理前所进行的成分和温度的调整。可分为先行脱碳、先行加碳。

（2）先行处理的时间：

从排气开始到确认环流开始后，即进入先行处理。

通常处理：

$$排气开始 \xrightarrow{抽真空} 环流开始 \xrightarrow{轻处理或本处理} 排气结束$$

先行处理：

$$排气开始 \xrightarrow{抽真空} 环流开始 \xrightarrow{先行处理} 先行处理终了 \xrightarrow{轻处理或本处理} 排气结束$$

B 先行加碳制度

（1）先行加碳原因：当转炉终点 [C] 在目标控制值以下，而钢中游离氧较高，预计处理终了钢水含碳在目标控制值以下时，在加合金之前进行先行加碳。

（2）先行加碳的优点：先行加碳进行真空碳脱氧，使处理结束时钢水中溶解氧降低，最终脱氧的用铝量及氧化物夹杂减少，也可以使增碳剂中的杂质有充分的上浮时间，从而提高钢水纯净度。

（3）先行加碳的钢种：RH 处理终了要求 ［C］≥0.03％ 的钢种（即除低碳、超低碳以外的钢种）。

（4）先行加碳的判断条件：

由于向钢水中加入增碳剂会引起钢水的降温，所以先行加碳的判断条件是：

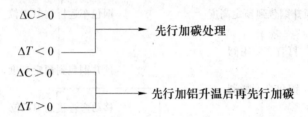

其中，ΔC = RH 处理目标［C］－ 处理前钢水中［C］－ 合金中带入碳量 + 脱氧耗碳量。

ΔT = RH 目标温度上限 － 处理前钢包温度 + 处理过程温降

（5）先行加碳要点：

1）加碳量 = Δ［C］× 20kg（以 175t 钢水计，每增加 0.01％ 的碳，需加碳量约 20kg）。

2）每隔 10s 投入一次，每次 5~6kg，低 T［O］ 时，投入速度可稍快些。

3）真空度控制在 6~15kPa 为宜，可通过手动开关 4EB 泵抽气阀使真空度低于 15kPa，过高则碳氧反应过于激烈，过低则有逆流。

4）环流气体流量控制在最大流量的 60％ 左右。

5）加碳结束后 3min 测温、定氧、取样，并进行成分、温度的调整。

C　先行脱碳制度

（1）先行脱碳目的：当转炉终点 ［C］ 高于成品目标上限值，并且处理过程中的自然降碳量还不足以将其降到目标以下时，利用 RH 顶枪，在正常合金化处理之前，向钢液中吹入 O_2，利用碳氧反应，先行强制把 ［C］ 降下来。

（2）先行脱碳适用钢种：

1）转炉炉后未添加 Al 及其他易氧化合金元素的低碳铝镇静钢。

2）转炉炉后未添加 Si、Al 及其他易氧化合金元素的非高碳钢。

（3）是否强制脱碳判断条件：当 ΔC > 0 时，进行顶枪强制脱碳。

其中　　　　　　　ΔC = 处理前钢包［C］－ 目标［C］上限值 + 合金中带入碳量

（4）顶枪强制脱碳供氧量 Q 的确定：

$$Q = 30 \times 10^2 \times \Delta[C]$$

式中，Q 为供氧量，m^3；30 为要使钢水中减少 0.01％ 的［C］，需要的吹氧量（标态）约为 $30m^3$。

（5）供氧流量：供氧流量（标态）为 $1600m^3/h$。

（6）先行脱碳要点：

1）供氧速度不宜过快，一般为 $1600m^3/h$（标态）。应视碳氧反应剧烈程度而定，避免碳氧反应过于剧烈。

2）当 ［C］> 0.02％ 时进行脱碳时，真空度不要过高，否则碳氧反应过于剧烈。

3）脱碳时环流气体量（标态）72m³/h，脱碳结束后环流气体量提高到 90m³/h。

4）脱碳结束后 3min 测温、定氧，再脱氧合金化，并要遵循合金添加的一般原则。

2.3.4.2 轻处理制度

A 轻处理定义

轻处理是指在只开启后两级泵的较低真空度下（相对本处理而言）对未脱氧或弱脱氧的低碳铝镇静钢进行成分、温度的调整。生产低碳铝镇静钢时可适当提高转炉止吹 [C]，通过轻处理使碳氧同步下降，产生的脱氧产物上浮使钢水纯净度提高，最后用少量铝终脱氧，使铝及其他合金的收得率大大提高。

B 轻处理要点

（1）真空度控制在 6～15kPa，处理时根据真空槽内钢水的飞溅情况适当调整真空度。

（2）纯脱气时间（除吹氧以外，最后一批合金加完到处理结束之间，单纯进行的钢水循环，均匀成分和脱气时间）不少于 3min。

（3）低碳铝镇静钢轻处理中的脱碳量约 0.04%，当转炉出钢 [C] 过高时，可以用顶枪吹氧脱碳。

2.3.4.3 本处理制度

A 本处理定义

本处理是指在高真空下（压力小于 133Pa），以去除钢水中的氢、氧（脱氧生成物）为目的的真空脱气处理。因脱氢处理是 RH 最传统最成熟的处理工艺，故称 RH 的根本处理（本处理）。

B 本处理的脱氢能力

本处理一般脱氢率在 50% 左右，最大可达 75%，氢的去除率与 RH 处理前钢水中氢含量有关，要求 RH 处理 [H]$_始$ < 4ppm。

C 本处理要点

（1）钢包应连续使用 5 炉以上，出钢时耐火材料表面温度应在 1000℃ 以上。

（2）转炉炉后不得加石灰。

（3）处理前钢水成分在目标成分中下限（Al 及特殊钢种、特殊合金例外），钢包温度为目标温度 +10～ -5℃。尽量不进行化学升温。

（4）处理前要检查顶枪、各密封圈的冷却、法兰等处不得漏水。

（5）新真空槽和浸渍管应使用三次以上后才能进行本处理。

（6）转炉严格控制下渣量，控制钢包中渣层厚度小于 100mm。

（7）合金料尽量早加，以保证脱氢效果。合金微调后，纯脱气时间不少于 3min。

（8）取样要小心，保证取样器干燥无水，同时在取样和送样时不能接近高氢含量的气体和水。

（9）对于双工位 RH，可每处理两炉后再进行浸渍管的喷补作业，换另一工位再连续处理两炉，如此交替，这样可以保证浸渍管喷补后的自然干燥时间增加，从而避免喷补料中的水使钢水增氢的问题。

2.3.4.4　超低碳钢处理制度

A　超低碳钢定义

超低碳钢指钢中含 [C] < 100ppm 的纯净钢，除常规的化学成分必须严格按照标准控制外，对钢中 [N]、[O] 等气体夹杂也有严格要求，特别要注意后道工序的增 [O]、吸 [N] 和二次氧化。这类钢在转炉中并不将 [C] 吹炼到最低极限，为了保留一定残 [Mn] 及提高合金收得率，通常转炉吹炼到 [C] = 0.03%~0.05% 左右即可出钢。

B　超低碳钢是否需要顶枪操作判断条件

超低碳钢是否需要顶枪操作的判断条件见表 2-15。

表 2-15　超低碳钢顶枪操作的判断条件

处 理 前		顶枪脱碳作用	顶枪升温作用
[C]	T		
高	高	要	不要
高	低	要	要
低	高	不要	不要
低	低	不要	要

注：[C] 的高低是相对于 [O] 而言的，超低碳钢生产工艺一般要求处理前 [C] 在 0.03%~0.05%，RH 处理前温度 1605~1615℃。

C　冶炼超低碳钢时顶枪供氧量控制

顶枪供氧量（标态）与游离氧的关系基本估计式：$1m^3$ 增加游离氧约 5ppm。

D　超低碳钢生产要点

(1) 冷却废钢必须在脱碳前期加入，以免后期增碳。

(2) 补充钢中自由氧及升温在脱碳中前期进行。

(3) 脱碳时，控制好环流气体流量和真空度，不要有逆流，减少飞溅。

(4) 脱碳过程不能添加任何合金。

(5) 脱碳 10min、15min 及 20min 取样以确定钢中碳含量，预定脱碳时间为 20~25min。

(6) 加铝脱氧环流 3min 后再添加其他合金，保证纯脱气时间不少于 6min。

(7) 处理结束添加无碳保温剂，不得添加碳化稻壳。

2.3.4.5　已脱氧钢顶枪升温制度

A　已脱氧钢是否进行顶枪升温判断条件

已脱氧钢是否进行顶枪升温判断条件为：

$$当\ T_R - T_前 > 10℃\ 时，实施顶枪升温$$

式中，T_R 为 RH 处理前的目标温度；$T_前$ 为 RH 处理前实测温度。

B　已脱氧钢升温要点

(1) 为防止钢水的过氧化及防止真空槽耐火材料的过度熔损，顶枪升温之前的加铝量

（铝硅镇静钢加铝和硅铁）应确保顶枪结束后钢中的铝（铝硅镇静钢是铝和硅）在目标中限值。

（2）吹氧时，为尽量减少钢水的飞溅，环流气流量（标态）不易过大，以 72m³/h 为宜。

（3）吹氧时，控制真空度在 8~15kPa。

C　未脱氧钢是否进行顶枪升温判断条件

（1）未脱氧钢在实施顶枪升温前，一定要先加 Al（铝硅镇静钢加 Al 和 Fe-Si，成品铝上限极低的硅镇静钢加 Fe-Si），确保脱氧后再进行顶枪升温，以防止钢水的过度氧化和减少飞溅。

（2）其他要点同已脱氧钢顶枪升温要点。

2.3.4.6　真空槽烘烤制度

（1）真空槽的开始烘烤时间应根据生产计划和处理位真空槽的损坏程度确定，一般真空槽在待机位的烘烤时间不宜超过 100h。

（2）真空槽烘烤前必须确认各种电器、仪表、冷却水、烘烤介质等工作正常后方可点火，点火煤气流量使用 230~250m³/h。真空槽的升温应按耐火材料供货商提供的升温曲线进行。除热电偶显示的温度外，还应考虑真空槽上、下部的温差。

（3）烘烤时预热枪的枪位控制：为保证真空槽上、下部耐火材料的温度均匀，避免耐火材料的集中膨胀，在烘烤过程中应适当移动枪位。枪位控制范围为 500 ± 50cm。

（4）为了将烘烤前期耐火材料中的水分蒸发，应控制煤气流量为小流量（230~250m³/h），且在烘烤的前期应该将烟道小车风门完全打开。为保证第一次使用的浸渍管外部耐火材料的烘烤，在烘烤中、后期应关闭风门，增大热负荷，降低枪位，减小提升气体量，使火焰从浸渍管中喷出。一般以浸渍管外部耐火材料表面温度不低于 200℃，烘烤时间不少于 12h 为宜。

（5）真空槽在使用前应移至处理位用顶枪烘烤 1h 以上，以补偿在移槽过程中的温度损失和强化真空槽底部与钢水接触部分耐火材料的热负荷。

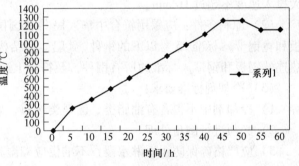

图 2-10　真空槽烘烤曲线

（6）真空槽烘烤曲线见图 2-10。

2.3.4.7　槽内冷钢管理制度

A　槽内冷钢产生原因

由于处理前槽内温度低，以及处理过程中的钢水大量飞溅而造成冷钢在槽内壁的大量黏附。

B　槽内冷钢的危害

（1）影响成分微调。

（2）钢种之间互相污染。

（3）影响作业率和耐火材料寿命。

C　减少槽内冷钢黏附的措施

（1）根据钢水条件和处理目的的不同，采用合理的真空度。

（2）在用顶枪进行脱碳和化学升温时，控制好枪位和真空度，尽量减少钢液飞溅。

（3）尽量避免真空槽的交替使用，最大限度地确保真空槽的连续使用，以保持较高的槽温。

（4）工作位真空槽，在处理间歇大于 20min 时，要用顶枪加热耐火材料。

（5）长时间不用的真空槽或新修补槽，使用前要用煤气进行烘烤，使中部槽内壁温度大于 1400℃。

（6）尽量缩短去除冷钢时间和浸渍管修补时间。

D　去除冷钢时刻

（1）连续进行中、高碳钢和高铝等镇静钢处理之后。

（2）修理真空槽下部或更换浸渍管时，真空槽大修时。

（3）冶炼超低碳钢之前。

（4）冶炼时飞溅过大，在处理完毕后可用较高枪位大流量烘烤将冷钢化掉。

2.3.4.8　基本制度

A　环流气体种类的选择

一般采用氩气作为环流气体。

B　冷却剂投入制度

（1）冷却剂外形尺寸要求 50mm×50mm×（10～20）mm。冷却效果为 15℃/t 左右，最大投入速度不超过 1t/min。

（2）原料条件：应采用符合中华人民共和国国家标准中《优质碳素结构钢热轧厚钢板和宽钢带》标准 25 号以下的钢种、《船体用结构钢》标准的一般强度钢、《一般结构用热连轧钢板和钢带》标准的所有钢种，及符合上述钢种成分标准的所有钢种。

（3）冷却剂标准要求：

1）冷却剂中不得含有油脂类、涂料类物质、表面不得过度锈蚀及混有异物、垃圾。

2）必须进行倒角处理。

3）应严格确保防止雨淋水浸，不准供应潮湿料。

C　保温剂投入制度

（1）一般钢种用有碳保温剂，炉投入量 100～150kg，具体标准见表 2-16。

表 2-16　保温剂的具体标准

化学成分	SiO_2/%	Al_2O_3/%	CaO/%	MgO/%	Fe_2O_3/%	TC/%
	40～50	35～40	3～3.5	0.2～0.3	3.5～4.5	1.3～1.5
物理性能	耐火度/℃		干燥减量/%		堆比重/t·m^{-3}	水分/%
	≥1500		3.5～4.5		≤0.6	≤1

落下强度：单粒从 1m 处落于水泥地平上不粉碎，在布料机上布料时不出现粉尘飞扬；外形及粒度要求：圆柱形，$\phi10×（15～25）$mm

（2）超低碳钢用无碳保温剂，一般炉投入量 100~150kg。

D 喂线制度

一般铝镇静钢不做喂线处理，因 RH 的循环过程同时也是夹杂物充分上浮的过程，钢水中夹杂物含量在经过多次循环后已经降到很低的程度。

对 Ca 有要求的钢种在钢水成分温度符合要求后进行喂线，喂硅钙线或钙线的速度为 200~350m/min；喂线量根据钢种要求决定。喂线时进行弱吹氩，喂完线进行弱吹氩并保持 3min 以后再吊包；喂线结束后向钢包中加入覆盖剂，确保钢水液面不裸露。

2.3.4.9 合金加入制度

A 增碳剂标准

（1）化学成分见表 2-17。

表 2-17 增碳剂的化学成分 　　　　（%）

成分	C	S	N	H_2O
含量	89~92	≤0.05	≤0.035	≤0.5

（2）增碳剂必须干净干燥，不得有混杂物。

（3）粒度要求为 3~8mm。

B 铁合金成分、粒度要求及收得率

铁合金成分、粒度要求及收得率见表 2-18 和表 2-19。

表 2-18 各铁合金成分和粒度要求

合金料名称	体积密度 /t·m^{-3}	粒度大小 /mm	化学成分/%					特殊元素
			C	Si	Mn	P	S	
HC-FeMn	4.1	10~50	≤7.0	≤1.0	75~82	≤0.20	≤0.03	
MC-FeMn	3.7	10~50	≤1.0	≤1.5	78~85	≤0.20	≤0.03	
Si-Mn	2.4	10~50	≤1.8	17~20	65~72	≤0.30	≤0.04	
Fe-Si	1.5	10~50	≤0.1	74~80	≤0.4	≤0.035	≤0.02	Cr≤0.3
Al	1.5	$\phi(10~12)\times15$						Al≥99.5
HC-FeCr	3.7	10~50	≤6.0	≤5.0		≤0.06	≤0.06	Cr/60
MC-FeCr	3.8	10~50	≤2.0	≤5.0		≤0.05	≤0.06	Cr/60
FeMo	3.8	10~50	≤0.15	≤0.05	≤0.2		≤0.10	Mo≥60
FeNb	4.0	5~20	≤0.05	≤4.0		≤0.05	≤0.03	Nb=50~60 Al≤2.0
FeP	1.5	10~50	≤0.1	≤3.0	≤2.5	≥17	≤0.5	
FeV	4.0	10~50	≤0.75	≤0.25	≤0.5	≤0.01	≤0.05	V≥60 Al≤0.8
Fe-Ti	3.0	10~50	≤0.1	≤4.5	≤2.5	≤0.05	≤0.03	Ti=25~35 Al≤8.0
Fe-B	3.4	10~30	≤0.1	≤4.0		≤0.03	≤0.01	B=19~24 Al≤3.0

表 2-19　各铁合金收得率　　　　　　　　　　（%）

合金名称	RH 收得率	合金名称	RH 收得率
高碳锰铁	90	钛铁	75
低碳锰铁	95	硼铁	70~80
硅铁	90	铌铁	95
增碳剂	95	钼铁	100
铝	80	镍	100
高碳铬铁	100	铜铁	100
低碳铬铁	100	磷铁	95
钒铁	100		

C　铁合金投入顺序、原则

（1）一般先加 Al 或 Si 脱氧，以避免其他合金元素因氧化而引起的浪费。

（2）Mn、Cr、V、Nb 在 Al（或硅）脱氧后投入；特别应该注意用 Si 脱氧钢种（不能用 Al 脱氧），Mn 要在脱氧终了后加入，因 Mn、Si 要生成 Mn-Si 化合物。

（3）与氧有很强亲和力的元素，如 Ti、B、Ce 在脱氧终了后加入，以避免和多余的氧反应。

（4）加入已脱氧钢水中碳应和其他高密度合金一起加入，或在此之前尽早加入。若需碳脱氧，则应小批量多批投入，以避免太强烈的碳氧反应。

实训项目 3　VD 炉操作

实训目的与要求：

（1）能熟练操作 VD 真空设备；

（2）能准确确定氩气流量并熟练控制。

实训课时： 15 课时

实训考核内容：

（1）VD 炉的主要设备组成；

（2）氩气流量的控制；

（3）真空度的控制。

3.1　VD 炉主要设备

3.1.1　机械设备及技术参数

3.1.1.1　真空罐

真空罐（图 3-1）是钢制焊接结构件，主要由筒体、接渣盘、密封法兰、钢包座等组成。设备筒体采用 20g 制造。

真空罐与真空罐盖一起构成真空容器，钢液包就放置在罐里进行脱气处理。罐与罐盖间的密封靠 O 形密封圈，密封圈镶嵌在法兰的密封槽中；此处有特殊的设计，使得当罐盖升起移动时，密封圈处于水浸状态；以避免钢渣溅上烧损密封圈。当罐盖合上时，密封槽中的水自动排出。

真空罐内部设有两个具有导向功能的钢结构钢包座，用来在作业时支撑钢包和方便钢包顺利进入并定位。

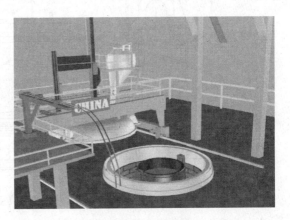

图 3-1　VD 真空罐

在罐底部设有三个接渣盘，用于承接在冶炼过程中外溢的钢渣；罐体内表面砌有耐火砖以保护罐体并减少热损。

钢包底吹氩气供应管路穿过罐壁与软管联结。钢包吊到处理位上方后，人工通过快速接头接通钢包。

真空罐侧壁还开有与真空系统连接的孔口。

事故漏钢坑设置在真空罐外部，万一发生漏钢事故时，钢液会烧穿设置在真空罐底部特制的铝质泄钢孔进入事故漏钢坑，避免烧毁其他设备。

氩气供应管线穿过真空罐的侧壁，使用真空密封连接通过软管将搅拌气体引向钢包透气塞。

真空罐体密封圈法兰配备有闭环和开环水冷系统，分别用于冷却。

主要技术参数如下：

真空罐直径	ϕ6400mm
真空罐总高	约6800mm
罐壁钢板厚度	约20mm
罐底钢板厚度	约30mm
密封圈直径	40mm

3.1.1.2　罐盖

真空罐盖（图3-2）是真空罐的密闭设备，工作时像锅盖一样盖在真空罐上。真空罐盖吊挂在罐盖台车的框架上，可由升降机构的油缸带动上下升降。罐盖上有各种与周围设备相关的孔口法兰、盖板及支架等（如人工观察孔、TV电视观测窗等）。罐盖下口是与真空罐密封的大法兰。罐盖上部属封头型。在封头内表面浇注耐火材料，在其下部吊挂防溅罩。罐盖上设有人工观察孔，观察孔旁边设有手动破空阀，人工可以调节罐内真空度。

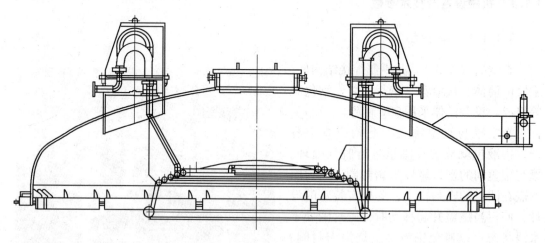

图3-2　真空罐盖

真空罐盖内部设有一台防溅盖，防溅盖的作用是在真空处理时隔阻钢水的喷溅，起到保护真空罐盖的作用，特殊的设计使得在真空罐盖和真空罐扣合时防溅盖正好扣在钢包上，这样可以防止精炼时钢渣的溢出。防溅盖用链条吊在真空罐盖上，其内部也砌有砌筑耐火砖。

在真空罐盖上设计有一套专用耐高温针孔摄像设备，可以在真空精炼时在电视画面上监视真空罐内部工作情况。

真空罐盖上还设有一套由人工控制的气动调整真空度的阀门，在真空处理时，操作人员可以根据从监控设备上看到的炉内钢水翻腾情况开启此阀，以达到避免溢渣的情况。

罐盖上配备有：

1个添加料加入孔

4个吊耳，用于提升罐盖

3个用于悬挂防溅盖的孔

1个观察窗

罐盖随真空罐车在轨道上移动，以便腾空真空罐的顶部。钢包正确定位后，将罐盖降到罐上并保证真空脱气系统的正确封闭。罐盖用耐火材料进行打结。

真空罐盖配备有包括三个分路的水冷系统，分别用于冷却加料孔、观察孔和密封法兰。

防溅盖（挡渣盘）的主要作用是降低钢包中钢液的热损失并保护罐盖在长时间的高温处理过程中免受强烈的热辐射。

防溅盖通过链条与罐盖相连，顶部由耐火材料打结，并设有用于下列用途的孔：合金的加入和观察窗口。

VD罐盖主要技术参数：

直径　　　　　　　6760mm

高度　　　　　　　2400mm

驱动方式　　　　　液压缸

3.1.1.3　真空罐盖移动车

罐盖通过罐盖车在水平方向移动，罐盖车从停车位移动到工作位由两个电机驱动。罐盖车到达工作位时，罐盖下降到真空罐上，与密封圈接触，从而保证罐内真空的形成。

罐盖车主要由罐盖提升装置和四个轮子组成，其中两个轮子分别由两个电机驱动。罐盖车的水平移动由两个制动电机—减速来完成，这两个制动电机—减速分别带动罐盖车的两个轮子。正常情况下，两个电机一起工作；出现事故时，仅用一台电机来移动罐盖，速度为正常速度的50%。

钢结构的轮子采用适合于钢铁工业的特殊设计，配备有防摩擦轴承。罐盖车还包括一系列的限位开关，用于小车在不同位置的移动监控。因此，可以生成所需要的各操作顺序，避免误操作或危险操作。

罐盖的提升机构安装在小车的顶部，使用两个液压缸及四条板式提升链。

其主要技术参数：

轨道中心距　　　　6200mm

轮距　　　　　　　5330mm

车轮直径　　　　　ϕ630mm

升降油缸行程　　　800mm

升降油缸直径　　　ϕ200

升降行程	约 350mm
罐盖提升速度	约 50mm/s（可调）
罐盖车走行距离	约 18m
电缆拖链	
长度	10m
宽度	0.5m
弯曲半径	0.5m
定位精度	±5mm
台车速度	2～20m/min（VVVF）
台车电机功率	4.0×2kW
重量	约 20t

3.1.1.4　罐盖升降液压系统

罐盖升降液压系统主要用于炉盖升降液压缸的驱动与控制。由液压泵站、液压阀装置及中间配管等组成。系统采用水乙二醇作为工作介质。电液换向阀电磁铁的电压为 DC 24V。液压泵站用于液压缸动力的供应，蓄能器保证在事故状态下将罐盖提升，使盖车能够开出。液压阀台用于炉盖升降液压缸的控制，实现 VD 炉盖的抬起、落下和停止，具有换向、调速、同步控制、液压缸锁定等功能。中间配管用于液压源与液压设备之间、液压设备与炉盖升降液压缸之间油路的连接，由不锈钢管、管路附件、高压软管等组成。主要技术参数如下：

液压介质	水乙二醇
介质工作压力	12MPa
恒压变量泵功率	约 22kW（1 台恒压变量泵）
循环泵功率	约 2.2kW
油箱体积	约 1.2m^3
蓄能器	63L（每个蓄能器）
加热器功率	约 2kW（1 个加热器）

3.1.1.5　抽气管道系统

抽气管道是用来连接真空泵和真空罐的辅助系统，它分为两个部分：一部分用于将气体从真空罐输送到除尘器，管道外部采用水冷形式；另一部分用于将气体从真空截止阀输送到真空泵。由主抽气管道、气体冷却除尘器、移动弯管、真空主阀、支撑等组成。

A　气体冷却除尘器

气体冷却除尘器的作用有两条：一是将真空罐内排出的高温废气（约 400℃）冷却到真空泵的设计吸入温度，以保证真空泵的性能；二是除掉炼钢废气中的颗粒粉尘，以减少对管道的冲刷磨损。

气体冷却器由安装在垂直容器内的冷却水管组件、壳体组件、除尘器组件、接灰斗等组成，气体在垂直布置的气体冷却器中被冷却，并经第一级旋风式分离灰尘，然后经第二级迷宫离心除尘。

气体冷却除尘器下部设有接灰斗，用来储存粉尘，需人工定期更换清理。

B　移动弯管

移动弯管是真空系统和两个真空罐连接的切换装置。由弯管和移动小车组成，移动弯管通过液压升降，并通过台车进行移动。

C　真空主切断阀

在主抽气管道上串接1台气动主切断真空阀，用来隔离真空泵和真空罐，隔离后能够分别测试真空泵和真空罐的密封性；还可以为了节省精炼时间，在钢包还未到达时就关闭真空主阀开启真空系统，这样可以节约时间2min左右。

D　技术参数

（1）气体冷却除尘器：

气体冷却除尘器总高度　　　　9m

直径　　　　　　　　　　　　$\phi1700$mm

支架宽度　　　　　　　　　　2000mm

出气管直径　　　　　　　　　$\phi1000\times10$

除尘器出口气温　　　　　　　$\leqslant200$℃

重量　　　　　　　　　　　　6.2t

（2）移动弯管系统：

直径　　　　　　　　　　　　$\phi900$mm

移动距离　　　　　　　　　　2500mm

中心距　　　　　　　　　　　2500mm

（3）真空主切断阀：

阀通径　　　　　　　　　　　$\phi600$mm

切断阀重量　　　　　　　　　1.6t

（4）抽气管道：

抽气管直径　　　　　　　　　$\phi800\times8$

3.1.1.6　真空泵系统

A　技术说明

真空系统是VD精炼炉的核心设备，一般主要由3级增压泵、两列并联的4级和5级喷射泵、3级冷凝器、中间连接管路、汽水系统、阀门仪表系统、隔音系统、热井系统等组成。处理过程中，炼钢废气从VD真空罐抽至气体冷却除尘器，气体经冷却后进入真空系统。经真空泵的逐级压缩，最后排大气。

冷凝器的作用是将前级泵排出的蒸汽冷凝成水以提高后级喷射泵的效率。

浊循环水由水包分配到各个冷凝器，冷凝掉蒸汽喷射泵排除的蒸汽后，经冷凝器落水管进入热井。

热井系统的作用是水封冷凝器，稳定热井泵回水。

第一级增压泵的外壳四周焊有加热隔套，以防止结冰。外套上设置有特殊的压力释放装置，以防止压力过高损坏真空泵。

为提高低真空段的抽气能力和缩短抽气时间，采用主、辅喷射泵并联。从末级泵排出的废气（蒸汽混合物）通过末级冷凝器、排气管排到厂房外。

增压泵与喷射泵都是由泵体、蒸汽喷嘴所组成。泵体由钢板（20g）卷制焊接而成。蒸汽喷嘴采用不锈钢（1Cr18Ni9Ti）精加工。泵体与蒸汽喷嘴的同轴度有严格要求。

冷凝器采用喷头倒塔型—伞幕喷淋式冷凝器，这是现在的最新技术。其主要优点为提高喷头寿命、方便维护。

由于炼钢废气中会含有粉尘颗粒，在高速流动中会对系统拐弯处产生严重磨损，所以为了增大系统寿命，减少维修，在 3 级主泵连接泵弯头处采用特殊设计，以增加其耐磨性。

B　主要设备的组成

真空泵系统为五级泵系统（三级增压 + 二级喷射），其组成如下：

第一、二、三级增压泵（B1、B2、B3）	各 1 套
第四、五级主喷射泵（E4A、E5A）	各 1 套
第四、五级辅喷射泵（E4B、E5B）	各 1 套
冷凝器（C1、C2、C3）	1 套
各级喷射泵和冷凝器间的连接管线	1 套
热井泵（2 用 1 备）	3 台
汽、水系统内阀门	1 套

C　技术参数

（1）真空泵系统主要参数见表 3-1。

表 3-1　真空泵系统主要参数

参 数 名 称	数 值
抽气量	350kg/h（在 67Pa 下）
泵口极限真空度	20Pa
真空系统从大气压降至 67Pa 的时间	≤5min（不带钢水）
真空系统从大气压降至 67Pa 的时间	≤6min（带钢水）
工作蒸汽压力	0.8～1.0MPa
蒸汽温度	约 190℃
蒸汽耗量	≤13.8t/h
冷却水温度	≤35℃
冷却水耗量	≤650m³/h
冷却水压力	0.3MPa（表压，在水分配器处）
系统漏气量	≤20kg/h

（2）冷凝器技术参数：

C1 冷凝器	$\phi 2020 \times 10mm$
C2 冷凝器	$\phi 1216 \times 8mm$
C3 冷凝器	$\phi 1216 \times 8mm$

（3）真空泵主要操作模式见表3-2。

表3-2 真空泵主要操作模式

真空区间	102～33.5kPa	33.5～8.6kPa	8.6～2.7kPa	2.7～0.5kPa	0.5～0.067kPa
主要冶金目的	预抽	预抽浅脱气	加速进入高真空深脱气	快速进入高真空深脱气	进入低于1mbar真空区域深脱气
B1					△
B2				△	△
B3			△	△	△
E4A		△	△	△	△
E4B		△			
E5A	△	△	△	△	△
E5B	△	△			
阶段汽耗/kg·h^{-1}	9000	13000	10000	12000	13800

注：1mbar=100Pa，注△符号表示开，未注△符号表示关。

3.1.1.7 噪声隔离设施

由于真空泵以高压蒸汽射流为动力，因而产生较大噪声。通常噪声可达90～130dB（距声源1m处）。为使噪声降到85dB以下，达到工厂环保要求，必须采取噪声隔离措施。本方案拟采用矿质棉粘包扎真空泵及冷凝器。厚度约200mm，外面再以镀锌铁皮包扎。

噪声隔离设施在真空泵系统调试合格后进行。

3.1.1.8 真空泵热井装置

A 功能描述

热井为真空泵冷凝器提供水封和接收真空泵冷凝器排出的冷却水的装置，采用地下水泥浇注池。设热井风机，将热井中的废气抽到废气管道中。

热井回水泵是用来把从各冷凝器排到热井池的水抽回到水处理设备的冷却塔的装置。热井回水泵出口总管上设有回水压力、流量检测仪表，并可将回水压力、流量检测仪表及热井液位信号提供接口到水处理站，参与供水泵控制。

B 设备组成

一套热井回水泵及热井池系统包括：

热井回水泵　　　3台（两台工作，1台备用）
阀门、仪表　　　1套
抽、排水管道　　1套
排风机　　　　　1个
排风管　　　　　1套
热井盖及人孔　　1套

C 技术数据

能力　　　　　　约450m^3/h（每台水泵）
电机功率　　　　约130kW（每台水泵）

全扬程	45m
热井池体积	约 80m³
排风机功率	约 1.5kW（每台风机）

3.1.1.9　废气管线

因 VD 装置废气中含有一定量 CO，会给环境和安全造成影响，真空泵排出的废气和热井排出的废气必须通过废气管线引向厂房外面。

3.1.1.10　高压水清洗机

由于真空泵工作动力为高压蒸汽，被抽气体为含有粉尘的炼钢废气，二者在真空泵内部混合，会生成一种像泥巴一样的物质附着在 B1、B2、B3 三级增压泵内表面，随着使用时间的延长，这种附着物会越来越厚和越来越硬，会改变真空泵内部流道形状，严重影响真空泵工作性能，必须及时清除。清除方法有两种，一是人工清除，二是用高压水清洗机清除，本方案推荐使用高压水清洗机清除。

A　设备组成

一套高压水清洗机包括：

高压水清洗机机组	1 套
缓冲式高压水枪（专利产品）	3 把
高压软管（长度 10m）	3 根

B　技术参数

高压水清洗机压力	32MPa
缓冲式高压水枪有效清洗距离	≥3m
电机功率	75kW
使用介质	清洁工业水
耗水量	102L/min

3.1.1.11　喂丝机装置

喂丝机用于对精炼完成的钢水喂丝处理，进一步对钢水进行脱氧和净化。喂丝机控制方式为 PLC 控制。

主要设备组成如下：

喂丝机	两台（内抽放线式）
丝盘架与附件	两套

喂丝机技术数据如下：

喂丝规格	$\phi 6 \sim 18$mm，双线（常用 $\phi 13$mm）
喂丝速度	$1 \sim 6$m/s（连续可调）
喂丝精度	0.5m/次

3.1.1.12　冷却水系统

冷却水系统由两大部分组成：VD 工位净环冷却水和浊环冷却水。

VD 工位净环冷却水主要包括真空除尘器、罐盖上各开孔处法兰等。

浊环冷却水主要用于真空罐密封法兰、真空泵系统的冷凝器的用水。冷凝器用水目的是将喷射器排出的废蒸汽冷凝成凝结水，然后排入热井中。这两部分冷却水均设总进水流量、压力、温度测量。在冷凝器各排水管、冷却器等支路上设有回水温度、压力、流量检测装置。

净环冷却水压力为 0.4MPa，流量为 80m³/h；

浊环冷却水压力为 0.3MPa，流量为 650m³/h。

3.1.1.13 氩气系统

氩气系统是钢包底吹氩供气控制、调节系统，由氩气控制站和气体输送管线组成。

来自气源的氩气先经总管减压阀减压，之后分流至两个独立的支路，每个支路上又都各设一路并联的旁通破壳回路。正常吹氩时，流经支路的氩气通过流量计、流量调节阀控制回路、透气砖实现钢包底吹氩，对钢水进行搅拌，以提高钢水冶金动力学功能，促进夹渣上浮。当结壳或使用新透气砖时，可采用旁通事故高压回路开吹破壳，而后再转入正常支路吹氩。

氩气流量采用 PID 调节。

A 设备组成

氩气装置包括氩气阀站（减压阀组、流量测量仪表、流量调节阀、气动及手动阀门、压力表、压力变送器、支架及柜壳）、一套管线、支撑件等：

减压阀组	1 套
流量调节阀	2 套
流量测量仪表	2 套（支路）
压力变送器	3 套
压力表	1 套
气动阀	4 套
手动阀	1 套
支架及柜壳	1 套
管线、支撑件	1 套
手动调节装置	1 套

B 技术参数

供气压力	1.0 ~ 1.8MPa
工作压力	0.2 ~ 0.8MPa
氩气流量（标态）	最大 30m³/h×2

3.1.1.14 除尘器

除尘器位于真空罐和喷射泵之间，通过管线与真空罐和真空泵相连。

真空工位产生的烟气和灰尘被真空泵抽到粗除尘器并被冷却。较重的颗粒在除尘器的底部沉积并设有振动电机进行振动。

细颗粒再通过精除尘器内不锈钢滤网进行过滤，并通过振动电机进行振动，在底部收集。

3.1.1.15　介质分配器

介质分配器包括了设备运行需要的所有设施（如管、阀、调节仪表、控制仪表等）。

处理过程中使用的介质有：用于除尘器和冷凝器的冷却水，用于喷射泵的蒸汽，压缩空气，氩气管线。

3.1.2　电气设备技术

3.1.2.1　VD 电气控制方案

根据设备工艺要求，对电气系统整体采用计算机综合 PLC 总线网络控制的交流变频调速及仪表系统三电一体化的控制方案。

控制系统采用西门子产品技术，自动化和通讯采用西门子 S7-300 可编程序控制器（PLC）构成系统的基础级，作为现场模拟量和开关量数据的采集、处理与执行机构。配置一台工业计算机（IPC）作为现场操作员站（OS），通过人机界面实现工业现场的实时监控。操作员站（OS）采用研华 IPC610 工业计算机和 19 寸液晶显示器组成。通过西门子工业通讯网卡 CP5611 将 IPC 连接到 Profibus（L2）网和 SIMATIC S7 的 MPI 端口，完成 IPC 与 PLC 的通讯服务，实现对真空系统的实时控制监视、数据采集、现场运行参数显示及故障报警等多种功能。系统采用浮地技术，由独立专用接地线作系统接地处理。独立的 UPS 作为上述系统的后备电源支持，确保系统稳定可靠的运行。

VD 真空处理系统控制方式采用自动、半自动控制和手动控制两种控制模式，在主操作台上设置运行模式切换主令开关，根据需求实施"自动、半自动控制"和"手动控制"两种操作模式的切换。两种控制模式均通过 PLC 及工控机进行控制并显示。可在 LCD 显示屏用鼠标操作和在控制台上用开关和按钮操作。

"自动、半自动控制"模式由 PLC 根据罐内真空度，按预先设置的操作模型自动完成真空泵的分级启动和停止以及氩气的调节控制过程。

在半自动方式下手动操作时，如果发现钢液急剧上升，可人工干预真空度及氩气流量，防止钢水喷溅事故。

对于蒸汽、冷却水、冷凝用水、真空罐车、真空盖位置、吹氩、移动弯头小车均应有故障报警、保护联锁措施。

"手动控制"模式则根据生产现场需要，可在画面显示屏用鼠标操作和在控制台上用开关和按钮操作，完成对真空泵的操作和氩气调节等操作。

手动控制模式下现场真空度等信号不参与控制，通过手动操作设置在主操作台上的主令开关对系统实现手动控制，主令开关采用旋转开关，设有开、关两挡位置，使系统在 IPC 在退出运行时通过人工操作能正常实现对设备的安全可靠的控制和操作。

3.1.2.2　自动控制系统的软件及硬件构成

A　低压动力及控制电源

VD 装置动力系统由一面动力电源柜、一面变频柜、一面热井柜组成。

动力柜接受进线电压为 380V/220V 三相四线制，二路供电电源（一用一备）经开关进行隔断，自动开关进行开断及保护。各支路低压动力电源采用分路自动开关供给。

控制系统电源引自动力柜，通过电源柜的总开关、隔离变压器，由各分路的自动开关送给仪表、PLC、计算机等控制电源，PLC、计算机电源通过各自隔离变压器及 UPS 电源（延时 30min）供给主机。控制电源采用隔离变压器与系统电网隔离，以减少控制回路的干扰。

VD 变频柜中装有变频器及附件，主要用于真空罐盖车和移动弯头小车行走的控制。

热井柜安装有软启动器、接触器、继电器等，是用于控制 3 台热井泵起停的设备，本控制采用降压启动器控制热井泵的起停，其中 2 台热井泵工作，1 台热井泵备用，热井泵控制柜接受来自车间电压为 380V 的三相四线电源。

B　控制台柜

控制台控制方式有手动和自动，安装操作按钮、指示灯、计算机、显示仪表等。

VD 操作台主操作台 1 台及现场操作台 1 台。

VD 操作台控制主要功能有自动、手动转换、真空系统、吹氩系统、TV 控制、水系统、事故破空、氮气系统。

现场操作台主要功能有移动弯头小车行走、移动弯头升降、罐盖车行走、罐盖升降、事故破空、人工观察孔吹扫控制。

C　PLC 柜

PLC 柜安装有一套西门子 S7-300（CPU 型号 S7-315-2DP）可编程序控制器（PLC）、隔离继电器及二次仪表等，共一面柜。

3.1.2.3　仪表测量系统

A　VD 设备主要检测的控制项目

（1）冷却水压力显示；

（2）冷却水温度显示；

（3）冷却水流量显示；

（4）氩气调压阀前氩气工作压力显示；

（5）氩气调压阀后、氩气总阀后压力显示与调节；

（6）氩气流量显示；

（7）蒸汽喷射泵蒸汽进气压力显示；

（8）蒸汽喷射泵蒸汽温度显示；

（9）蒸汽喷射泵蒸汽流量显示；

（10）机器冷却水进水压力显示；

（11）机器冷却水进水流量显示；

（12）各冷凝器排水温度显示；

（13）真空测量管上真空度显示（两台真空计）；

（14）钢水温度显示（数字通讯）。

B　仪表设备

VD 系统的测量显示采用具有数据采集、处理和通讯功能的仪表设备，信息在工控机

LED 上显示，控制系统为电气、仪表合一，由 MMI、PLC、网络等设备构成，主控台上提供二路真空度显示：

(1) 弹簧压力表（就地显示）；

(2) 真空压力计（就地显示）；

(3) 热电阻温度计；

(4) 压力变送器；

(5) 绝压变送器；

(6) 差压变送器；

(7) 自力式调节阀；

(8) 电磁流量计；

(9) 孔板流量计；

(10) 气动调节阀；

(11) 低真空计；

(12) 麦氏真空计。

3.1.2.4　基础级自动化控制系统

基础级自动化控制系统包括计算机操作站和 PLC 可编程控制器。

控制系统配置两台工业计算机（IPC）（一用一备）作为现场操作员站（OS），通过人机界面实现工业现场的实时监控。操作员站（OS）采用研华 IPC610 工业计算机和 19 寸三星显示器组成。计算机采用双网卡配置，西门子 CP5611 是短 PCI 网卡，用以配置 Profibus-DP 网与 PLC 实现数据交换。开放的 Profibus-DP 网络为用户实现和 LF 炉、化验室组成局域网成为可能。以太网卡配置则预留了和管理系统的局域网讯的端口，使车间乃至工厂管理系统的局域网联网成为可能。

工控机一套包含：

研华 IPC610 工控机箱	1 台
主板带 USB 口	1 块
CPU P4 2.8G	1 块
内存 512M	1 块
硬盘 80G	1 块
光驱 40X	1 块
TP-LINK 网卡	1 块
CP5611 网卡	1 块
三星 19 寸 LCD 显示器	1 台
HP 激光打印机（A4）	1 台
WINCCV6.0 监控软件	1 套
STEP7 V5.4 编程软件	1 套
通讯软件包及组态工具	1 套
S7-300PLC（15% 空余量）	1 套

3.1.2.5　现场控制级

VD 现场控制级由一套 S7-300 系列 PLC 组成。

PLC 的功能主要分电气控制系统与自动化仪表控制系统。电气控制系统其功能主要是采集各现场操作、检测元件发来的设备运行状态信息，并根据工艺要求对信息进行记录处理；自动化仪表控制系统主要是对设备生产过程中的工艺参数进行自动检测及自动调节，并能在线监控工艺参数，进行调节状态的显示和报警显示，以保证生产处于工艺要求的最佳状态。

PLC 主要功能：

（1）现场信号采集；

（2）向现场传输控制信号；

（3）与 MMI 通讯；

（4）逻辑程序，用于不同部件操作和联锁；

（5）钢水温度信号的采集、钢水氧含量信号采集；

（6）VD 操作电气参数的信号采集；

（7）罐盖车位置信号采集；

（8）搅拌气体的压力和流量信号采集；

（9）主要能源介质（交接点后）总管流量信号采集；

（10）测温、定氧、定氢信号采集；

（11）真空系统的信号采集。

3.1.2.6　监控系统

监控系统运行在操作系统平台为 Microsoft WINDOWS XP Professional + Service Pack 2，配有（SIMATIC WINCC V6.0 和 SQL sever 2000 + SP4）组态监控软件。该系统具有强大的图形组态，是为工业应用而设计的集数据采集、处理、监视控制、信息管理及通讯为一体的综合软件系统。它完成过程控制功能，建立和提供 VD 炉运行参数设定，显示运行数据、曲线及故障报警信息，报表打印记录；基础级自动化实现 PLC 与 PLC 之间、PLC 与工控机之间、工控机与工控机之间进行数据传递和交换，满足了数据传输的实时性、准确性和可靠性，确保系统可靠运行。该系统预留 15% 冗余点，用于调用其他工艺画面，其数据报文格式由甲方待定。

A　VD 炉监控站显示的主要状态画面及参数

VD 炉监控站显示的主要状态画面及参数有：

（1）机械设备状态；

（2）机械设备位置；

（3）气动系统；

（4）VD 冷却水系统；

（5）热井泵运行状态；

（6）罐盖位置；

（7）真空系统；

（8）氩气搅拌；

（9）报警及事件记录（数据归档格式由甲方待定）；

（10）实时、历史趋势图；

（11）吹氩量的积算与控制；

（12）自动修正功能及相应的显示控制；

（13）选择打印报表；

（14）数据通讯。

B　电视摄像

真空盖上设有电视摄像监控装置，采用针孔摄像头，在操作室内可以观察 VD 装置内的冶炼状态，并对发现的问题及时处理。摄像监视头采用水冷。

设备清单：

电视摄像头（松下）　　　　　1 台

21 寸工业监视器　　　　　　1 台

水冷防护罩　　　　　　　　　1 台

3.1.2.7　控制柜、台、箱

PLC 控制柜　　　　　　　　1 台

动力电源柜　　　　　　　　1 台

操作台　　　　　　　　　　1 台

现场操作台　　　　　　　　2 台

仪表柜　　　　　　　　　　1 台

热井柜　　　　　　　　　　1 台

变频柜　　　　　　　　　　1 台

交流变频器　　　　　　　　1 台

操作椅　　　　　　　　　　2 把

柜壳色标由甲方提供，柜体采用 GGD 柜。

3.1.2.8　系统要求

系统采用浮地技术，由独立专用接地线作系统接地处理。独立的 UPS 作为上述系统的后备电源支持，确保系统稳定可靠地运行。

3.1.3　设备操作规程

3.1.3.1　设备启动前的操作

设备维修或更换电气及机械元件后，操作人员应执行下列操作：

（1）确保设备处于非维修状态，工作区域无维修人员。确保设备处于允许操作或设备准运行的状态。

（2）低压供电室已经按照有关电气资料上的说明预先准备好了向控制柜供电的电源。

（3）检查仪表和信号显示是否正常运行，主控台和本地控制台上无报警信号。

（4）检查电缆和惰性气体管线的状况。

（5）检查罐车轨道是否占用，道路上是否有障碍物。

（6）特别注意检查氩气系统的压力及流量（在仪表上显示）是否为设定值。如果不是，则要调整相关的阀门，找出管路上有压力损失的部位并加以排除，特别是管道及刚性或柔性部件接头处的密封。

（7）特别注意检查冷却水的压力（在仪表上显示）是否为设定值。如果不是，则要调整相关的阀门，找出管路上有压力损失的部位并加以排除，特别是管道及刚性和（或）柔性部件接头处的密封。

（8）检查钢包放入真空罐之前氩气装置是否已接到钢包的透气塞上。

（9）检查液压管路的工作压力是否正确。

（10）检查所有润滑点的润滑是否合适。

（11）检查软管是否能够自由移动，确认固定部分与移动部分间没有干扰。

（12）检查操作需要的所有耗料是否已经备好，是否已处于待用位置。

（13）确保事故预防规范中要求的所有防护设施都已安装好，安全装置工作正常。

下面是真空泵区域启动前需要进行的一些主要总体操作：

（1）特别注意检查第一级喷射泵的入口蒸汽压力（在仪表上显示）是否为要求值。如果不是，则要调整相关的阀门，找出管路上有压力损失的部位并加以消除，特别是管道及刚性或柔性部件接头处的密封。

（2）特别注意检查供气系统的压力（在仪表上显示）是否为要求值。如果不是，则要调整相关的阀门，找出管路上有压力损失的部位并加以消除，特别是管道及刚性和柔性部件的接头处的密封。

（3）检查主截止阀的运行是否正常。

一定要确保事故预防规范中要求的所有防护设施都已安装好，安全装置工作正常。

3.1.3.2 设备的启动

在控制台按照下列操作步骤启动设备：

（1）将钢包放入真空罐内。

（2）将氩气装置连接到钢包的透气塞上。

（3）发出信号移动罐盖车。

（4）将罐盖车停放在工作位。

（5）下降罐盖正确落到罐体上。

（6）发出信号启动真空泵系统。

（7）处理结束后，与前面的操作顺序依次反向操作。

真空泵的启动操作和脱气操作在控制室进行，其运行既可以画面手动操作也可以自动组合程序操作。

注：在自动组合程序操作模式下，操作终端的脱气按钮ON起动，脱气开始进行。不管是自动组合程序操作模式还是画面手动操作模式，观察窗控制部分确保钢液没有过度沸腾的危险。

3.1.3.3　运行过程中的操作

在整个处理过程中，主控制操作人员要时刻注意检查操作参数和设备的工作状况。设备出现任何问题时都会通过声音或可视信号及时显示在信号显示板上。设备运行过程中的操作如下：

（1）检查输送到各设备介质的压力和流量是否与规定的正常操作值相符。

（2）检查液压缸和气动缸的工作方式是否适当。

（3）检查齿轮是否有异常的响声和轴承的温度是否异常。

（4）检查传动齿轮有无振动或异常的噪声。

（5）检查罐盖车的停止位置是否正确，是否与设定参数相符。

3.1.3.4　设备出现紧急情况的操作

A　真空罐的爆炸

由于水冷系统的少量泄漏，导致盛满钢液的钢包中有水的出现（即使是少量的）是发生爆炸的最常见原因之一；不管水冷系统本身的质量和控制怎样优越，但漏水现象是极具破坏性的而且经常会出现（每次脱气处理之后，常规检查真空罐是否有漏水现象是防止爆炸的适当做法）。钢液中发生的物理化学反应也有可能引起爆炸或溢流现象。

这种情况下应进行下列操作：

（1）立即将设备置于安全运行状态，提升炉盖，关闭冷却水，并判断危险程度，必要时停止设备运转。

（2）通过使用特殊的报警装置，告知所有的人员发生了紧急情况。

（3）根据事先安排好的紧急计划，让VD所有操作人员离开该区域，用适当的消防设备（CO_2和泡沫）来扑灭电气设备火灾，向消防队报警。

（4）爆炸反应结束时，如果爆炸非常剧烈足以破坏设备、冷却系统或钢包的其他结构，迅速将钢包和罐盖车移离该区。如果钢液的溢流破坏了罐盖车的移动系统，则使用其他的工具通过特殊的挂钩挂住罐盖车的框架拖动小车。

B　罐盖的提升装置被阻塞

（1）这类事故可能是由于提升液压装置受到破坏而引起的。为防止此类事故的发生，可以使用液压站蓄能器来提供足够的动力以完成罐盖提升。

在这种情况下进行下列操作：

1）通过使用特殊的报警装置，通知所有的人员发生了紧急情况。

2）通知机械维护人员，将设备置于安全运行状态，并判断危险程度，必要时停止设备。

（2）罐盖提升装置的故障也有可能是由于向驱动缸或提升缸提供介质的软管破裂而造成的。在这种情况下应将缸从其支座上取出并送到维护车间进行必要的修理或更换。

（3）由于上述情况导致的VD区域的火灾，随着钢包钢液的飞溅，危险的火势迅速在相关区域内蔓延；由于温度相当高，可能会涉及那些通常被认为"安全"的设施如燃点极高的液压介质。

在这种情况下应进行下列操作：

　　1) 立即将设备置于安全运行状态,并判断危险的严重程度,制定出一个具体的应对计划,必要时停止设备。

　　2) 通过使用特殊的报警装置,通知所有的人员发生了紧急情况。

　　3) 根据事先安排好的紧急计划,让火区的所有操作人员离开该区域,向消防队报警,送走所有因爆炸而受伤的人员。

　　仔细研究灭火计划后,按照适当的步骤圈定火灾范围和进行灭火。

　　按照上节的描述、采取一切措施将脱气设备置于安全运行状态。

3.1.3.5　停止

A　正常停止

　　由于其特殊功能,设备总是处于停机状态,仅在收到主控室控制台发出的脉冲信号时才运行。停止设备时,应进行下列操作:

　　(1) 缓慢地恢复真空罐的大气压力。

　　(2) 打开罐盖;启动罐盖车电机。

　　(3) 到达停放位时,停止罐盖车的移动。

　　(4) 关闭钢包的供气管路,断开透气塞的快速接头。

B　事故停止

　　在下列紧急情况下:

　　(1) 电机损坏。

　　(2) 盖的提升链断裂。

　　(3) 悬挂防溅盖的链条断裂。

　　(4) 冷却系统故障。

　　(5) 真空罐内的钢包穿包。

　　如果小车位于真空罐的上方,罐盖处于低位,则处理结束时采取下列步骤:

　　(1) 恢复真空罐的初始操作条件。

　　(2) 提升罐盖。

　　(3) 取消已损坏电机的自动制动系统。

　　(4) 使用单个电机移动罐盖车(速度降低约50%)。

　　(5) 到达停放位时,判断电机的损坏程度。如果小车本身没有什么问题,则可迅速对电机的损坏程度,做出判断:

　　1) 冷却介质泄漏:查找泄漏源并找出起因。如果泄漏很大,则停止处理,修复管线。

　　2) 管线上的蒸汽损失:查找损失源并找出其原因。如果蒸汽的损失大到影响生产,则停止正在进行的处理,修复管线。

　　3) 管线上的压缩空气或氩气损失:查找损失源并找出损坏的原因。如果压缩空气或氩气的损失大到影响生产,则停止正在进行的处理,修复管线。

　　4) 若达不到所要求的真空度:

　　①检查密封垫片的状况,必要时进行更换;

　　②检查喷射泵喷嘴的效率:如果出现故障,必要时停机处理;

③检查真空罐和除尘器间的管线是否被灰尘阻塞；

④通过相关的人孔检查管线，必要时进行清理。

C　长时间的停机

如果设备停用的时间超过一个星期，则应采取下列步骤以防腐蚀：

机械加工过的未上油漆的表面必须涂上一层油脂以防大气侵蚀，油脂的保持时间（3~12 个月）取决于所使用的保护类型，并按照相关标准执行。

通过每周至少使内部部件（如齿轮和轴承等）运行半个小时的方式来确保它们润滑良好以防被氧化。

当环境温度很低时，排出冷却系统（如果必要）内的水以免在管道内结冰。

为防止管道腐蚀，应启动液压站使介质至少每周循环流动半小时，与其相连的设备除外。

3.1.3.6　机电操作步骤

真空精炼的具体操作过程见表 3-3。

表 3-3　真空精炼操作过程

罐盖打开步骤	动　　作	
钢包在真空罐内移动		
罐盖提升（液压缸的提升）	总的提升； 到达高位限位开关时停止； 锁定在安全位置	快速提升阀门启动； 高位限位开关出现信号； 液压锁定接通； 允许盖的提升
罐盖的提升（打开）	总的提升	盖提升液压释放； 提升控制（保持先前的控制直到盖提升限位开关出现信号）； 提升和盖提升限位开关的启动； 盖下降液压锁定接通
钢包在真空罐内的定位		
罐盖小车到达	到达指定位置； 到达指定位置的限位开关时停止； 在指定位置锁定	允许盖下降； 固定
罐盖下降（关闭）	总的下降	总的下降； 盖下降液压释放； 下降控制（保持先前的控制直到盖下降限位开关出现信号）； 下降和盖下降限位开关接通； 盖提升锁定接通
脱气过程		
向钢包中喂入丝线	通过丝线移动的专用装置插入	用丝线的方式加入不同的原料，并自动调节插入的时间和数量
从钢包底部吹入惰性气体	氩气系统启动	从本地控制台上设定流量和压力； 从本地控制台上打开阀门； 阀门已打开信号亮

续表 3-3

罐盖打开步骤	动　作	
	将钢包输送到下一工位	
处理结束：盖小车移动	脱气处理结束	关闭真空泵； 启动搅拌系统
罐盖的提升	总的提升； 高位限位开关出现信号时停止； 锁定在安全位置	"高"位限位开关出现信号
罐盖车的移动	移动罐盖车以便给精炼和脱气钢液的钢包空出位置	从本地控制启动罐盖车移动电机； 用桥式行车提升盛满钢液的钢包并送到浇铸位

3.2　VD 炉精炼处理技术操作规程

3.2.1　精炼作业内容

VD 炉主要是对钢水进行精炼脱气、脱硫、去夹杂、成分微调和对夹杂物进行变性处理，是冶炼品种钢的关键设备。主要作业包括指挥天车吊运钢水、接卸吹氩管、测温、取样送样、定氢、向钢包中加覆盖剂、换线、喂线作业、一级和二级画面操作、冶炼品种钢时手工加贵重合金、各种原材料的准备、清渣及现场 8S 管理等。

3.2.2　精炼作业流程

钢水吊至 VD 吊包位→接通手动吹氩管→座包开始底吹氩→测温取样→定氢定氮→开始抽气→加渣料、合金料→真空保持→破空→抬罐盖→测温取样→定氢定氮→喂线→测温取样→加保温剂→钢包吊至 CC。

3.2.3　精炼作业区域

VD 炉精炼作业区域包括 VD 各层平台、操作室、精炼跨。

3.2.4　精炼作业操作程序

3.2.4.1　岗位职责

炉长工作职责见表 3-4。

表 3-4　炉长工作职责

工作职责及内容	工作标准	考核标准
（1）全面负责 VD 炉生产	树立"安全第一，质量第一"的思想，带领全组人员认真完成车间下达的各项生产任务，严格执行安全操作规程及各项制度，抓好文明卫生	工作职责履行不到位，考核 5~10 分，情节严重者，加倍处罚，必要时进行免职处理
（2）抓好 VD 炉区域的安全生产	督促好 VD 全体人员，规范执行好岗位安全操作规程，规范 VD 炉设备操作，做到安全无事故	发生安全事故按相关处罚条款对照执行

续表3-4

工作职责及内容	工作标准	考核标准
（3）确保每炉钢的质量，为连铸提供优质钢水	全面把关，带头执行工艺，杜绝野蛮操作，制止违章作业，按实际情况，合理使用蒸汽喷射系统和底吹氩及喂丝机，严把质量关，减少质量事故，确保安全质量	发生质量事故，按"四不放过"原则执行，并按标准进行扣分或罚款
（4）合理分配本组人员工作	对本组人员分工明确，认真负责VD冶炼全过程和指挥，不断总结分析，提高本小组的操作水平	脱气操作过程中，指挥不当或关键时刻不到位，每次扣5~10分
（5）发挥管理职能，落实经济责任制	严格监督督促全组人员的劳动记录和工艺执行情况，落实经济责任制的考核，做到奖罚分明	对组内的违章违纪，违反工艺现象，无考核资料，奖罚不分明，发现一次扣5~10分
（6）监管VD炉机械、液压及电报设备，确保正常运行	按标准负责安排各岗位对VD炉机械、电气、蒸汽锅炉、喷射泵系统、加料系统、底吹系统等进行检查	违反操作过程乱指挥，造成设备损坏，视情节扣5~10分/次，严重的取消奖金
（7）双增双节	做好节能降耗工作，积极参与指标攻关活动，重点抓好电耗、电极消耗等关键指标，杜绝原辅材料浪费，降低生产成本	不能认真搞好双增双节造成原辅材料浪费严重的扣5~10分/次，参与活动不积极、不主动，导致指标无进步的，考核5~20分
（8）注重环保意识，抓文明生产	主动关心除尘等环保设备的运行情况，发现除尘设备故障后，应立即向车间主管领导汇报，并采取必要措施，按定置管理要求，做好文明卫生工作	除尘效果差，未汇报或采取相关措施的，每次罚100~300元；包干区清洁卫生不达标，每次考核5~10分
（9）检查考核	每天对劳动纪律、安全生产、文明卫生等实施检查，对存在的问题每周上报	未实施检查的每次扣5分，被上级部门检查到的问题按挂钩考核标准实施，对存在的问题未做到每周上报，每次扣5分
（10）搞好人员培训	带领好本组人员，认真搞好传、帮、带工作，不断提高本组人员操作水平	培训人员不理想，以及在导师带徒活动中不到位的，按相关规定落实考核
（11）规范交接班	坚持对口交接班，填写好交接班记录，做到不带病交接班，为下一班提供有利条件	严格执行交接班制度，本组文明卫生定置管理不符合要求，不按交接班制度交接班扣5分/次

副炉长工作职责见表3-5。

表3-5　副炉长工作职责

工作职责及内容	工作标准	考核标准
（1）完成车间、班组下达的各项任务	服从炉长的指挥，积极参加脱气全过程的操作，炉长休息时，全面履行炉长的工作职责	不服从指挥、不积极动手操作扣5~10分/次
（2）认真做好生产准备工作	按工作要求认真备好炉前冶炼所用的各类原辅材料及工器具	准备不周，每次扣5分
（3）配合炉长搞好VD炉冶炼操作	根据冶炼工艺，在与VD炉长通气的情况下，及时进行钢包搅拌、罐盖运行、脱气、破真空、加料及软搅拌等	配合不到位，每次考核5分，因此而导致气体含量超标等质量事故的，按相关规定处罚
（4）按工艺进行喂丝操作	认真按工艺要求，进行喂丝操作	违反工艺每次扣5~10分

工作职责及内容	工作标准	考核标准
（5）做好合金补加及测温。取样、定氢、定氧工作	根据元素工艺要求，合理补加合金，严格工艺搞好测温、取样、定氢、定氧及软搅拌等工作	测温、取样、定氢、定氧等工作不及时、不主动，每次考核 5~10 分，发生设备损坏的，考核 5~40 分，引发质量问题的按事故处理
（6）做好上下道工序的衔接	了解 LF 炉冶炼情况、连铸生产的动态情况，合理调节生产，确保生产顺畅	不主动了解上下道工序，导致衔接不顺畅，每次考核 5~10 分
（7）搞好 VD 炉记录和各项基础工作	按基础管理工作要求，连铸生产的动态情况，合理调节生产，确保生产顺畅	未按规定记录扣 5 分/次，漏记扣 5 分/次，虚假记录考核 10~40 分，情节严重者取消月度奖
（8）搞好包干区域清洁卫生	按要求做好分管包干区的清洁卫生工作，搞好文明卫生工作	未按分工包管区完成清洁卫生工作的每次扣 5 分

操作工工作职责见表 3-6。

表 3-6 操作工工作职责

工作职责及内容	工作标准	考核标准
（1）完成车间、班组下达的各项任务	服从炉长的指挥，认真落实分工任务，积极参加脱气全过程的操作	不服从指挥不积极动手操作扣 5~10 分
（2）认真做好生产准备工作	按工作要求认真备好炉前冶炼所用的各类原辅材料及工器具	准备不周，每次扣 5~10 分
（3）配合正副炉长搞好 VD 炉冶炼	根据冶炼工艺，在与 VD 正副炉长通气的情况下，及时进行钢包搅拌、罐盖运行、脱气破真空、加料及软搅拌等	配合不到位，每次考核 5~10 分，加料不通气每次考核 5~10 分，因此而导致冶炼出格等质量事故的，按相关规定处罚
（4）配合做好喂丝操作	认真按工艺要求，进行喂丝操作	违反工艺按相关制度落实处罚
（5）搞好 VD 记录和各项基础工作	按基础管理工作要求，对 VD 进行跟踪记录，记录正确清晰，各类资料数据齐全	未按规定记录扣 5 分/次，漏记扣 5 分/次，做虚假记录考核 10~40 分，情节严重者取消月度奖
（6）做好合金补加及测温、取样、定氢、定氧工作	根据工艺元素要求，合理补加合金，严格工艺搞好测温、取样、定氢、定氧等软搅拌等工作	测温、取样、定氢、定氧等工作不及时、不主动，每次考核 5 分，发生设备损坏的，考核 5~40 分，引发质量问题的按事故处理
（7）搞好包干区域清洁卫生	按要求做好分管包干区的清卫工作，搞好文明卫生工作	未按分工包管区完成清洁卫生工作的考核 5 分/次

3.2.4.2 精炼作业前的检查、准备及确认

A 检查介质是否满足使用条件

检查介质是否满足使用条件，见表 3-7。

表 3-7 介质条件要求

介质名称	压力/MPa	温度/℃	流量
蒸汽	1.0~1.3	180~190	16t/h
冷凝器冷却水	0.3	≤34	≤900m³/h
氩气（标态）	0.2~1.2		27m³/h
氮气（标态）	0.8		450m³/h

B　岗检路线

岗检路线如下：

罐盖车—底吹系统—喂线机—定氢定氮装置—真空泵—铁合金加料系统。

C　岗检标准

岗检标准见表3-8。

表3-8　岗检标准

设 备 名 称	岗 检 标 准
罐盖上水气管线等设施	观察管线有无变形泄漏、气缸动作是否灵活
罐盖升降系统	观察罐盖升降有无振动、液压缸有无漏油
底吹系统	观察底吹管是否漏气，接头是否灵活
定氢定氮装置	检查工作是否正常
真空泵	检查是否漏气、工作是否正常
合金加料装置	观察批料漏斗、溜槽、皮带工作是否正常
喂丝机系统	观察气缸动作是否灵活、夹送轮是否打滑、丝线导向装置升降动作是否有卡阻、有无漏水、有无漏气；水冷导管有无漏水
测温装置	手动测温枪连接导线有无损坏、信号是否正常
液压、润滑系统	听泵、阀运行是否有异常声音，观察系统是否有泄漏

D　岗检安全注意事项

（1）本着岗位危险预知的原则，严格执行设备巡视点检制度，按点检路线巡视设备，巡视过程执行安全确认制。

（2）运行中的设备，不得接触运转部位，对可能发生的设备隐患，必须在停机状态下进行检查确认。

（3）设备故障须在动态下检查，确认时必须两人以上，采取必要的安全措施。

（4）岗检过程中发现设备隐患要及时通知当班钳工处理，不能处理的要及时上报。

（5）岗检过程中，女同志要把头发放在工作帽内。

E　精炼处理前的检查与确认

（1）了解当班生产计划。

（2）了解所需处理钢种。

（3）了解钢包号次、渣厚及自由空间等情况。

（4）确认操作画面、各阀门、仪表、仪表报警系统是否正常。

（5）检查氩气、氮气、蒸汽、冷却水、冷凝水、压缩空气等各种能源否满足使用条件。

（6）检查真空罐漏钢保护装置、罐体密封圈完好清洁、氩气软管、罐体耐火材料完好，罐体干燥无水。底部是否潮湿易燃物品，真空管道入口是否积灰过多，检查钢包车耳轴座及真空罐盖密封圈上否有残渣。

（7）检查氩气管路是否漏气，如漏气应及时更换。

（8）检查真空罐盖及屏热盖耐火材料能否继续使用，防溅盖耐火材料完好，TV观察孔干净无异物，罐盖车轨道清洁运行正常。

（9）检查真空罐盖车走行及盖的升降是否正常，轨道上有无杂物。

（10）检查高温摄像机是否破损，有无积灰。

（11）检查测温、取样枪、定氢仪、定氧仪是否正常，测温偶头及取样器是否齐全。

（12）检查喂丝机是否正常，线种、数量能否满足需要。

（13）检查真空泵系统正常、气密性试验：真空度达67Pa时泄漏量不超过20kg/h，抽气系统在7min内系统压力降至67Pa。

（14）检查喂丝机工作正常。

（15）检查生产所需各种工具是否齐备，确认所需原材料和工具符合使用要求且数量够用。

（16）保持与生产调度联系畅通，及时反映VD设备状况是否能够接受生产计划。

（17）与化验室、维检、汽化班等部门取得联系，保证VD生产。

F　生产交接班

（1）按照VD炉系统岗位点检的路线和要求与交班人员共同检查VD炉系统运行状况，并在点检记录本中做好相应记录。

（2）了解当班生产计划，包括精炼炉数、冶炼钢种、温度控制标准及铸机断面情况等；了解上班生产及设备运行情况，交班炉数、钢种、钢包号及包况，钢包所在位置，正在精炼的这炉钢水的加料数量及种类，取样情况。

（3）了解转炉出钢钢种、温度、成分及LF精炼情况。

（4）听取上一班作业人员提出的注意事项，并在交接班记录本上签字后接班。

3.2.4.3　钢水进入VD前的应具备的条件

（1）钢水经LF（LD）处理后，成分（需在VD调整的除外）、温度符合要求，一般上VD的钢种要求LF出站温度比正常出站温度高50~60℃。

（2）经LF炉处理的钢水，钢渣应脱氧良好，为白渣，并且流动性好，钢包无罐沿；经LD处理直接进VD的钢水应在钢包内加10~20kg的铝粒，同时进行软吹氩预脱氧后方可进行真空处理。

（3）钢水经LF炉处理后，钢水进入VD前钢水成分应达到目标值，终点［Si］含量要比目标值低0.020%~0.050%。

（4）钢包炉处理期间，吹氩必须良好（两路）。

（5）钢包进入VD前，净空不小于1000mm，渣厚不大于90mm，包龄不少于2次。

（6）钢水进入真空脱气站的温度控制以不同钢种浇注温度为基础。

（7）钢水罐液面自由空间在1200mm，最低不小于1000mm。

（8）钢水罐底吹氩透气砖完好畅通。

3.2.4.4　钢水接收与吊包操作

A　钢包验收标准

钢包是正常周转包，不得使用老包，钢水重量应满足工艺要求；钢包渣层厚度要小，钢包净空大于 800mm。

B　钢包接收作业

（1）在 CRT 上选择相应画面。

（2）由室外炉前工正确指挥吊车吊钢包于所选 VD 罐的上方。

（3）先缓慢下降钢包至氩气管快接点。

（4）人工快接氩气管线，确认无误后再缓慢下降，使钢包就位于 VD 罐内钢包座上。

（5）钢包吊入或吊离罐位时必须垂直进行。确认钢包正对 VD 真空罐中心及周围无人和无障碍物后，方可指挥行车将钢包吊起。钢包就位后确认熔炼号、钢种、包号及包况等信息。

（6）了解 LF 炉出站的成分、温度及渣况。

C　吊包作业

（1）确认 VD 炉所有作业已经结束。

（2）确认软搅拌时间已到，氩气已关闭。

（3）指挥天车挂稳钢包并起吊。

（4）确认手动接头已经去掉。

（5）起吊 200mm 高时停车试抱闸。

（6）天车吊运重包运行时，要喊开周围的人员进行避让，做好安全监护工作。

3.2.4.5　测渣厚、测温（定氧）、取样、送样操作

A　测渣厚操作

（1）将一根干燥的氧管垂直插入钢水，后面不能对人，操作人员要侧身站立。

（2）一段时间后（通过手感来判断）提起氧管。

（3）将氧管上粘渣部分进行测量并报告室内操作工。

B　手动测温（定氧）操作

（1）在手动测温枪上装置测温（定氧）、取样探头。

（2）在离罐沿 300mm 略靠近下降管处，进行破渣操作。

（3）测温（定氧）探头准备测量灯亮后，将探头插入破渣处钢液里 300mm 以下，操作人员要侧身站立。

（4）此时测量灯亮，等测量灯熄测出信号灯亮时，提起测温枪。

（5）去除废测温（定氧）探头，装上新的备用。

C　取样操作

（1）在手动测温枪上装置取样探头。

（2）在离罐沿 300mm 略靠近下降管处，进行破渣操作。

（3）将探头插入破渣处钢液里 300mm 以下，停留 5s 左右提起，操作人员要侧身站立。

（4）去除废取样探头，装上新的备用。

不同探头插入时间和深度见表 3-9。

表 3-9　不同探头插入时间和深度

探 头 种 类	插入时间/s	插入深度/mm
测温偶	3 ~ 5	300 ~ 400
测温定氧偶	32	300 ~ 400
取样偶	3 ~ 5	300 ~ 400
定氢定氮	70	300 ~ 400

D　送样操作

（1）确认风动送样系统工作正常。

（2）从探头内取出钢样（取出的钢样要外观完整饱满），并用水冷却。

（3）用样勺或氧管取样渣并空冷。

（4）将试样放到专用炮弹中并拧紧，然后将炮弹口朝下送入风动送样器。

（5）在风动送样装置液晶触摸屏上输入炉号、钢种、取样点、取样序号等信息。

（6）关好风动送样门，确认试样已发送至化验室。

3.2.4.6　真空盖车移动与真空罐盖升降操作

A　操作前的确认

（1）确认轨道线上及周围无人、无障碍物。

（2）确认天车大钩已经离开到安全高度或已经离开。

（3）确认喂线机在等待位置。

（4）确认底吹氩管已接好并且吹氩正常。

B　真空罐盖操作

（1）确认真空罐盖已提升至上极限。

（2）在操作台上启动去 VD 罐 A（VD 罐 B）按钮，使真空罐盖由待机位开至工作位。

（3）启动罐盖"下降"按钮，使真空罐盖下降至真空罐上，直至罐盖车完全不受真空罐盖重力作用。

（4）真空处理完，启动"上升"按钮，提升真空罐盖至上极限。

（5）启动去待机位按钮，将真空罐盖车开至待机位。

（6）启动罐盖"下降"按钮，使真空罐盖下降至下极限。

（7）CRT 上操作与操作台操作相同。

3.2.4.7　吹氩操作

A　吹氩制度

氩气流量按表 3-10 控制。

表 3-10　吹氩流量表

处理阶段	启泵前	处理周期			破空后
	3min	7min	15~20min	3.5min	10~20min
流量/L·min⁻¹	300~400	300~400	700~800	300~400	300~400

处理阶段	吹通透气砖并搅拌	抽真空	测温、取样	喂 CaSi 线	喂 Al 线	等待、软搅拌
流量/L·min⁻¹	300~600	50~300	100~200	50~150	100~200	50~100

B　吹氩操作

（1）确认底吹氩管已接好，钢包吹氩良好。

（2）确认底吹管路无泄漏。

（3）开操作台上开关。

（4）根据工艺要求在 CRT 调整各阶段氩气流量在规定范围内氩气流量。

（5）吹氩流量依据 VD 工艺及炼钢效果最终确定；若 CRT 全开吹氩不通则全开旁路。

（6）钢水处理完毕后，将底吹氩流量调到零，关闭"选择氩气"，如人工接氩气管则需卸下吹氩管。

C　注意事项

（1）如果钢水到站时吹不开氩气，则不能进行真空处理。

（2）如钢水到站后，因设备故障等原因需等待，不能抽真空处理时，应首先吹通钢包底透气砖，以保证透气砖不堵，然后软吹，使钢水有蠕动即可。

（3）如到站钢水表面结壳，吹通透气砖后，全开氩将钢水表面钢壳基本熔化，再进行抽真空操作。

（4）抽真空过程中，发现渣面上涨过快时，合理控制氩气流量和抽气速度，防止钢、渣溢出，烧坏氩气管造成事故。

（5）过程氩气流量保证真空处理过程稳定，处理结束后不允许暴吹。

3.2.4.8　弯管小车移动与弯管本体升降操作

（1）检查确认弯管本体与盖完全密封，无真空泄漏。

（2）确认弯管本体已提升至上极限。

（3）在操作台上启动去 A 工位（B 工位）按钮，使弯管本体由待机位开至工作位。

（4）启动弯管本体"下降"按钮，使弯管本体下降至抽气管道上，直至小车完全不受弯管本体重力作用。

（5）真空处理完，启动"上升"按钮，提升弯管本体至上极限。

（6）启动去待机位按钮，将真空小车开至待机位。

（7）启动弯管本体"下降"按钮，使弯管本体下降至下极限。

（8）CRT 上操作与操作台操作相同。

3.2.4.9　抽真空操作

A　处理前的准备工作

（1）确认设备是否正常，是否满足处理条件。

（2）确认所有阀门在初始位置，通知送水、送汽。

（3）确认各种能源介质的压力、流量、温度是否正常。

B　抽真空

（1）将真空罐盖车从待机位开至工作位。

（2）将真空罐盖落至下限。

（3）选手动、自动：

手动抽真空操作顺序：

1）将移动弯头转到对应的罐位；

2）将罐盖开到对应的罐位并盖好；

3）选择高速抽真空模式或低速抽真空模式；

4）点击操作台上"真空开始"按钮，罐内压力达到预定值后，依次启动第一步、第二步，……，第五步；

5）达到真空度保持规定时间后，点击操作台上"真空结束"按钮，自动破空。

全自动模式操作步骤：

1）座包，开氩气流量（标态）50～80L/min；

2）测温、取样、取气体样、定氢、定氮；

3）开罐盖车到对应的罐位；

4）将 U 形弯头开到对应罐位；

5）选择"低速"或"高速"模式；

6）将蒸汽调节阀置于"自动"位置；

7）按下"周期开始"按钮，系统自动打开主截止阀，自动开始抽真空，根据罐内压力自动切换 Step 1）~5）步，切换压力见表 3-11，在抽真空的过程中，操作人员要根据摄像头监控画面或人工观察孔随时观察钢包内钢渣翻腾情况，合理控制抽气速度，防止溢渣，发现渣层上涨异常，迅速按下"快速切断阀"冲入空气，控制溢渣；

8）真空压力小于 70Pa（0.7mbar）后保持 15min；当渣层比较稳定以后，调节氩气流量（标态）到 200～300L/min，以便提高脱气效果。

（4）本系统的各级真空泵开启时要求后级泵提供的预真空度见表 3-11。

表 3-11　开启各级真空泵要求的预真空度

真空泵	S5A，S5B	S4A，S4B	B3	B2	B1
要求的预真空度/kPa	101（大气压）	35	8.9	2.5	0.5

开启各级泵的具体操作即是开启各级泵的相应蒸汽进汽阀，接通各级泵的工作蒸汽，使泵投入工作。汽包与各级泵的蒸汽进汽阀（气动阀）的具体位号见表 3-12。

表 3-12　汽包与各级泵的蒸汽进汽气动阀位号

汽包与各级泵	汽包	放散	B1	B2	B3	S4A	S4B	S5A	S5B
位号	67	72	73	74	75	76	77	78	79

开启冷凝器的具体操作是打开相应的上部或下部进水气动阀。C1、C2 和 C3 冷凝器的

进水均设有上部进水阀和下部进水阀，在泵启动与正常工作时的开、闭情况见表 3-13。

表 3-13　各冷凝器上、下进水阀在预抽真空与正常工作时的开启与关闭情况

进水阀	C1 上部进水阀	C1 下部进水阀	C2 上部进水阀	C2 下部进水阀	C3 上部进水阀	C3 下部进水阀
位号	99	96	120	97	121	98
预 抽 真 空						
S5A + S5B	×	×	×	×	○	○
S4A + S4B + S5A + S5B	×	×	○	○	○	○
正 常 工 作						
S3 + S4A + S5A	○	○	○	×	○	×
S2 + S3 + S4A + S5A	○	○	○	×	○	×
S1 + S2 + S3 + S4A + S5A	○	○	○	×	○	×

注："○"表示打开，"×"表示关闭；为保证泵的正常工作，表中的进水阀应在相应的前级泵开启前打开。

C　高速抽真空模式及步骤切换

高速抽真空模式及步骤切换见表 3-14。

表 3-14　真空泵高速抽真空工作模式

步骤	抽气能力 kg/h	抽气能力 kPa	SE1	SE2	SE3	SE4A	SE4B	SE5A	SE5B	SE5C	SE5D	真空压力/kPa
1	3800	20						×		×	×	101 ~ 20
2	2200	8				×	×	×	×			20 ~ 8
3	900	2.3			×	×		×				8 ~ 2.3
4	800	0.5		×	×	×		×				2.3 ~ 0.5
5	370	0.067	×	×	×	×		×				0.5 ~ 0.067
蒸汽消耗量/kg·h⁻¹	755	2330	6660	2300	4700	2500	4700	5500	5500	—		

注："×"表示真空泵工作。

D　低速抽真空模式及步骤

低速抽真空模式及步骤切换见表 3-15。

表 3-15　真空泵低速抽真空工作模式

步骤	抽气能力 kg/h	抽气能力 kPa	SE1	SE2	SE3	SE4A	SE4B	SE5A	SE5B	SE5C	SE5D	真空压力/kPa
1	2200	20						×			×	101 ~ 20
2	900	8			×			×				20 ~ 8
3	900	2.3			×	×		×				8 ~ 2.3
4	800	0.5		×	×	×		×				2.3 ~ 0.5
5	370	0.067	×	×	×	×		×				0.5 ~ 0.067
蒸汽消耗量/kg·h⁻¹	755	2330	6660	2300	4700	2500	4700	5500	5500	—		

注："×"表示真空泵工作。

E　真空处理

（1）氩气流量（标态）设定在 100L/min，通过 TV 观察钢水罐内沸腾情况。

（2）启动真空泵系统，将氩气流量（标态）调至 250L/min，根据钢水罐内沸腾情况调节氩气流量，以沸腾良好钢渣不外溢为好：

1）预抽阶段：系统压力 101 ~ 33.5kPa，开启 E5A、E5B；

2）预抽浅脱气阶段：系统压力 33.5 ~ 8.6kPa，开启 E4A、E4B；

3）加速进入高真空深脱气阶段：系统压力 8.6 ~ 2.7kPa，关闭 E4B、E5B 开启 B3；

4）快速进入高真空深脱气阶段系统压力 2.7 ~ 0.53kPa，开启 B2；

5）进入低于 100Pa（1mbar）真空区域深脱气阶段：系统压力 0.53 ~ 67Pa，开启 B1。

（3）为保证去气效果：要求真空度不小于 20min，其中真空系统从大气压降至 67Pa 时间不超过 7min，工作真空度低于 100Pa（1mbar）的高真空度不小于 8min。

（4）VD 处理结束，将氩气流量（标态）调至 100L/min，关闭主真空阀，对系统进行破真空（充氮气复压至大气压）。

（5）破真空后进行测温、取样、定氧工作。

3.2.4.10　温度控制

A　离开 VD 炉时温度控制

应使离开 VD 炉时温度满足以下要求（参考）：

连浇第一炉：　　　　　　　　　$T = T_1 + (75 \pm 5)℃$

连浇第二炉：　　　　　　　　　$T = T_1 + (65 \pm 5)℃$

式中，T_1 为钢种液相线温度，上铸机第二包及以后各包均比第一包低 10 ~ 20℃。

注意：

（1）新包/中修包 +5℃。

（2）浇注小断面（300mm × 2000mm）+5℃。

（3）多次周转罐及特殊情况酌情调整上台温度。

B　VD 炉温降控制（参考）

温降计算：钢包温降与钢包状况、升温时间、氩气大小、渣子流动性、渣量多少等有较大的关系，正常情况下，钢包在 VD 温降 0.6 ~ 0.8℃/min；抽真空时，温降 1.5 ~ 2.5℃/min，从 LF 至 VD 吊包温降计算如下：$20 \times 1.75 + 25 \times 0.7 = 52.5℃$。

实际操作可按从 LF 至 VD 吊包按 50 ~ 53℃ 温降计算，若因各种原因造成钢包温降过大或工序操作时间缩短，可适当对温度进行调整。若实际温度偏高，可通过软吹氩来降低温度，或继续进行 VD 处理，不允许大氩气量搅拌降温，若实际温度过低时，应重返 LF 炉加热升温。

3.2.4.11　VD 过程时间控制表

VD 精炼操作时间控制见表 3-16。

表 3-16　VD 精炼操作时间表

序号	项　　目	工序时间/min	累计时间/min
1	LF→VD	5	
2	接氩气、罐盖到位、下落到位	0.5+2.0+0.5	3
3	预抽	7	10
4	真空保持时间	15	25
5	破空、罐盖提升、开出	0.5+0.5+2.0	28
6	测温、取样	2	30
7	喂丝、软吹	10	40

3.2.4.12　破真空

（1）在工作真空度下保持时间达到工艺要求后，进行破真空操作。破真空前调节氩气流量（标态）到 50L/min，保证钢液面不裸露，然后按"周期结束"按钮，系统自动关闭主截止阀和各级泵，自动冲入氮气（35s），然后破真空阀自动打开。

（2）破真空后调节氩气流量至目标流量。

（3）压力达到大气压力（101.325kPa）后，抬罐盖将罐盖开到等待位。

3.2.4.13　定氢定氮操作

A　定氢操作步骤

（1）打开高纯氮气瓶，将压力调整到 0.4MPa。

（2）按下定氢操作箱上"开始"按钮。

（3）黄灯亮后，插入定氢探头。

（4）绿灯亮后，方可测量。

（5）使定氢探头尽可能垂直插入钢液（大于 70°），并且不能晃动。

（6）测量结束信号响后，方可结束测量。

B　定氮操作步骤

（1）打开高纯氮气和氮氩混合气体，将压力调整到 0.4MPa。

（2）按下定氮操作箱上"开始"按钮。

（3）黄灯亮后，插入定氮探头。

（4）绿灯亮后，方可测量。

（5）使定氮探头尽可能垂直插入钢液（大于 70°），并且不能晃动。

（6）测量结束信号响后，方可结束测量。

3.2.4.14　合金和溶剂添加操作

A　操作顺序

（1）确认加料系统工作正常。

（2）根据过程样成分、目标钢种成分范围及合金加入标准计算合金加入量，根据炉内状况确定熔剂加入量。

B 直接加料操作

（1）选择好加料工位，在 HMI 画面配料单上，输入所加物料的重量。

（2）按"批料漏斗"按钮，则依次进行如下操作：

1）称料；

2）批料漏斗上盖打开；

3）旋转溜槽转到工作位；

4）皮带启动；

5）下料；

6）皮带停止、旋转溜槽转到等待位、批料漏斗上盖关；

7）打开"卸料按钮"，料自动加到钢包内。

3.2.4.15 喂丝操作

（1）真空处理后，如需进行喂丝处理的钢种，则进行喂丝处理，根据钢种工艺规程确认需要喂丝的种类和数量：

$$喂丝长度 = \frac{目标成分(\%) - 分析成分(\%)}{丝线单重(kg/m) \times 丝线合金元素含量(\%) \times 合金回收率(\%)} \times 钢水量(kg)$$

（2）选择"自动"模式，设定喂丝长度和喂丝速度，然后按"启动"按钮，喂丝机自动启动喂丝，当喂丝长度达到设定值时自动停止。

（3）选择"手动"模式时，可手动启动丝线前进或后退，或停止喂丝。

（4）喂丝后，钢水采用弱搅拌，氩气流量控制在 300 ~ 400L/min，以钢水不裸露为宜。喂丝后，软吹时间不少于 8min。

（5）当丝线使用至尾部时应注意将丝线抽出，不应留在出口导线管内。

（6）喂线过程中严禁测温取样，人员严禁靠近钢包。

（7）喂丝后，原则上不允许再加热或强搅拌，因故进行其他处理，则需按规定重新喂丝。

3.2.4.16 操作安全要求

（1）喂线机换线前，必须将喂线机电源关闭。

（2）喂丝前确认丝卷附近无人，喂丝期间不可靠近丝卷。卡丝、断丝等喂丝机故障时，必须先停机后处理。

（3）钢水包进出 VD 炉全过程必须进行指挥、安全监护。

（4）吊渣斗必须戴好手套，挂钢丝绳要挂好，手不要放在钢丝绳和耳轴内，在确保安全的情况下方能指挥行车起吊。

（5）热井和 VD 炉真空泵系统区域的各层平台为危险区域，VD 处理过程上禁止人员在此区域行走，停留或处理故障。若因故障处理必须进入此区域，必须先进行复压，采取可靠安全措施后处理。

（6）测温取样必须戴好防护面罩，侧身站立，防止热渣、钢水飞溅灼伤。

（7）有连锁解除或故障，必须在交接班本上作警示记录，并迅速联系相关人员处理。

（8）移动设备手动操作时，禁止把限位当作开关使用。

（9）出操作室至各现场进行操作，必须行走于规定的安全通道、楼梯，禁止穿越危害区域。

（10）设备检修时，配合检修工做好停机、接电和挂牌，禁止随意开启、操作设备。检修完毕，与检修工一起做好设备的确认工作，确认后方可进行开机。

（11）行车吊物经过，应注意避让。

（12）向下抛掷物件时，要有人在下面安全监护，在确保安全的情况下，方能抛掷物件。

（13）使用吊具前，须检查吊具是否完好可靠，如链条裂缝、钢丝绳断股、吊斗、吊袋不牢固均不得使用。

（14）吊挂物件时，人员要站好位置，在确保安全的情况下方能起吊。

3.3　事　故　预　案

3.3.1　溢渣

（1）打开破空阀，向罐内充入少量 N_2 使渣面降低后关闭破空阀。

（2）同时，适当调整吹氩量。

3.3.2　穿包

（1）快速关闭真空系统和氩气系统的阀门。

（2）根据罐内压力选择空气或氮气破空。

（3）移走真空罐盖。

（4）待钢包漏完或不再漏钢后，将钢包吊至钢包维修区。

（5）将接渣盘吊走。

（6）清理真空罐，注意清理真空罐前，一定要先用压缩空气吹扫或用鼓风机进行空气置换，防止罐底沉积氩气或氮气。

（7）清理漏钢坑内的废钢。

3.3.3　操作要求的真空度没达到

（1）如果是因蒸汽压力太低，则检查供汽压力，并提高到要求的值。

（2）如果因冷凝器冷却水供水温度太高，则检查供水状况同时检查冷凝器情况，并调整水温。

（3）如果是因冷凝器出水温度太高，则检查冷凝器供水情况。

（4）如果是因系统漏气，则：

1）检查喷射泵端部测量设备压力值；

2）检查所有的法兰连接处，入孔、真空罐密封件，排放管线密封件以及相应的连接点；

　　3）测量系统泄漏。

　　（5）如果是蒸汽喷射泵故障，则：

　　1）用空气测试各级泵的工作状态；

　　2）将测试值与调试时测的标准数据相比较；

　　3）检查蒸汽供应，冷凝系统及喷射泵内的清洁程度。

3.3.4　透气砖堵塞

　　（1）如有一块透气砖堵塞，待处理结束修补或更换。

　　（2）若透气砖堵塞不能供气，则不能进行 VD 处理。

3.3.5　吹氩不通

　　（1）调大氩气，将底吹透气砖吹通。

　　（2）如仍未通，应彻底检查底吹供气系统是否正常：

　　1）如没有流量，应检查真空罐底吹管线阀门是否打到手动位置；

　　2）如有流量，但钢水面不翻腾，应检查底吹供气系统是否有泄漏，尤其是钢包底吹
Ar 快接头部位（密封圈是否完好）；

　　3）如检查确认底吹供气系统正常，但钢水表面仍无翻腾，也无流量，说明透气砖已
堵塞。

　　（3）如透气砖堵塞，则不能进行真空处理。

3.3.6　屏热盖漏水

　　（1）如果漏水严重，首先关闭罐盖冷却水。

　　（2）关闭氩气阀，停止搅拌。

　　（3）将罐盖开到等待位。

3.3.7　钢包漏钢

　　（1）立即破空。

　　（2）将罐盖车开到等待位。

　　（3）吊走钢包。

　　（4）将钢包吊往事故罐。

3.3.8　喂丝机操作故障

　　（1）喂丝机工作中卡线：立即停机，待卡线处理完，再重新开机使用。

　　（2）丝线打滑：停止喂丝，并检查压力辊是否压紧丝线，如果压下辊磨损严重，通知
钳工更换压下辊。

　　（3）喂丝过程中，显示值与实际值不符：停止喂丝，通知仪表工检查计数器工作是否
正常。

　　（4）喂丝导管漏水：如果漏水成线，立即通知电焊工处理。

3.3.9　钢包穿钢

立即停止抽真空，开走罐盖车，迅速打开事故溜槽，进行现场处理，同时上报相关人员。

3.3.10　破真空时发生爆炸

事故发生后，人员迅速撤离，并及时通知相关人员。积极进行现场抢救，采取措施，控制事态发展。

3.3.11　公用介质故障

根据介质的报警情况，由班长决定是否停止处理，然后检查供应系统情况，故障情况及管线的连接密封情况，并排除故障。

3.3.12　蒸汽喷射泵工作故障

检查供气系统和蒸汽阀门是否打开喷嘴是否堵塞或泄漏，必要时更换喷嘴。

实训项目 4　CAS 精炼设备操作

实训目的与要求：

(1) 会进行编制 CAS 精炼程序；

(2) 会进行 CAS 精炼操作；

(3) 熟练计算合金加入量。

实训课时： 15 课时

实训考核内容：

(1) CAS 炉的主要设备组成；

(2) 氩气流量的控制；

(3) 合金加入量的计算。

4.1　CAS 精炼设备

4.1.1　主要设备及技术参数

根据 CAS 的工艺需求，其工艺设备主要包括合金加料系统、浸渍罩及其提升装置、底吹氩系统、钢包车以及其他测温取样、风送、除尘、浸渍罩维修等辅助设施 CAS 法示意如图 4-1 所示。目前常用 CAS-OB 精炼法（图 4-2），它除 CAS 设备外，再增加氧枪及其升降系统、提温剂加入系统。

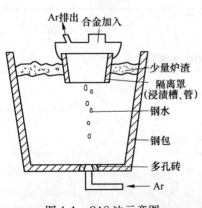

图 4-1　CAS 法示意图

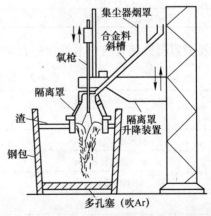

图 4-2　CAS-OB 设备示意图

4.1.1.1　浸渍罩及其提升装置

浸渍罩（图4-3）用于罩住钢水表面因钢包底吹氩形成的无渣区，使浸渍罩内的钢水基本上与大气相隔离，加入合金与钢渣隔离，为铝、硅氧化反应提供必要的缓冲和反应空间，同时容纳上浮的搅拌氩气，提供氩气保护空间，从而在微调成分时，减少合金损失，提高合金收得率。

浸渍罩本体采用分体式结构，由上下两部分组成。其中下部浸渍罩是工作罩，CAS处理时需要浸入钢水，因此，通常下部浸渍罩的使用寿命比较短。

图4-3　浸渍罩及其提升装置

上部浸渍罩上设置了 4 个有固定方向的吊点，分别与卷链机构的拉杆连接。为了保证浸渍的自重能克服钢水的浮力及渣壳的阻力进入钢水，增加浸渍罩在钢水底吹时的稳定性，在上部浸渍罩上设置了 4t 左右的配重。浸渍罩提升的同步性是靠 4 条卷链共用一套卷筒卷扬机构实现的，浸渍罩的水平可以利用花篮拉杆机构实现调节。浸渍罩的操作只能在现场操作。

由于现有工况、现场条件、投资等因素的制约，浸渍罩的提升由一套卷扬机构来实现。浸渍罩采用四点悬挂，为了避免温度的影响，采用结构更为复杂、成本较高的卷链机构，且集尘罩内设备均选用了耐温性能较好的材料和设备，滑轮组也选用耐高温自润滑轴承等。

浸渍罩的技术参数见表4-1。

表 4-1　浸渍罩的技术参数

技 术 参 数	数　　值
下口内径/mm	1600
下口外径/mm	2200
总高度/mm	2980
上罩内径/mm	600
总重量（含粘渣）/kg	12000

浸渍罩提升装置的技术参数见表4-2。

表 4-2　浸渍罩提升装置的技术参数

技 术 参 数	数　　值
最大起升重量/t	20
提升速度/m·min^{-1}	最大 4.5
最大行程/m	4
生产时最大行程/m	2.6
浸渍罩等待位/m	6.145
浸渍罩最低工作位/m	3.55

4.1.1.2　合金加料系统

合金加料系统（图4-4）用于储存、称量和输送合金材料，共有16个料仓。合金材料主要由皮带输送机加入高位料仓（上料部分），合成渣和贵重合金用专用料罐加入高位料仓。

图4-4　合金加料系统

铁合金通过振动给料器送到称量料斗，经称量料斗称量后，振动给料器卸出铁合金到皮带输送机，皮带输送机经溜管将铁合金送到加料料斗。CAS加料与1号LF炉加料共用一套系统，靠2号皮带机的正反转实现分别向LF炉和CAS工位的投料。主要设备包括高位料仓、合金称量斗、输送皮带机、炉旁斗及加料阀、氮封、溜管等设备。高位料仓共有10个，其中8个为合金仓，2个为渣料仓（自带称量），其中有8、9、10号高位料仓配备了振动器。称量装置共有四套，每套对应两个高位合金仓，其中一套量程为1t，其他3套的量程是0.5t的。加料时，高位料仓的料通过高位料仓上料振动给料机下到称量斗，称量斗的重量通过现场称重传感器—接线盒—变送器-PLC AI。除了2台渣料仓之外的高位料仓，配备的电磁振动给料器均可以在控制面板手动实现给料速度的设定，并可在HMI画面上进行高低速的切换。

CAS加料系统的输送皮带共有3条，分别是合金配料皮带、1号皮带和2号皮带。其中合金配料皮带和2号皮带是可以双向输送的，合金配料皮带的双向输送分别是正常加料和事故返料，而2号皮带机则是分别向LF炉和CAS工位送料。CAS和LF工位的炉旁斗设计均为1m³，炉旁斗下方分别配备了加料阀、氮封及溜管装置。其作用是可以实现提前备料，缩短CAS处理工艺时间。

皮带和翻板阀的控制均来自上料电气室，通过远程PLC I/O进行控制输出和信号反馈。

4.1.1.3　钢包车及其底吹系统

CAS的钢包车及其底吹系统均沿用原有LF炉的双钢包车及其底吹阀站，两个钢包车都可以到LF和CAS工位。其中在东钢包车上设置了一个浸渍罩更换孔，且对该钢包车设置了更换检修位，因此只有东侧钢包车可以用于更换浸渍罩。两台钢包车的两套底吹系统都可以使用，考虑到CAS工艺的需要，吹氩管从阀站到钢包车都是一路管道，但在钢包车上配管的终端进行了分离，分别对应钢水包的两个底吹孔。

4.1.1.4　吹氧喷枪

吹氧喷枪的参数设计见表 4-3。

表 4-3　吹氧喷枪的参数

技 术 参 数	数 值
氧枪外径/mm	$\phi 219$
氧枪长度/m	约 9
氧气压力/MPa	1.2 ~ 1.4
最大吹氧流量（标态）/$m^3 \cdot h^{-1}$	3300
工作压力/MPa	0.7 ~ 1.2
升温速度/$℃ \cdot min^{-1}$	10

4.1.1.5　氧枪提升装置

吹氧喷枪提升装置的参数设计见表 4-4。

表 4-4　吹氧喷枪提升装置的参数

技 术 参 数	数 值
提升负荷/t	约 0.7
升降速度/$m \cdot min^{-1}$	高速 20
	低速 4
升降行程/m	约 6.15
支架重/t	5

4.1.1.6　喂丝机

喂丝机的参数设计见表 4-5。

表 4-5　喂丝机的参数

技 术 参 数	数 值
喂丝机型式	双线喂丝机
丝的种类	CaSi, Al, C 等
喂丝速度/$m \cdot min^{-1}$	最大约 400
丝的直径/mm	$\phi 10 ~ 16$

4.1.1.7　测温取样装置

测温取样装置的参数设计见表 4-6。

表 4-6 测温取样装置的参数

技 术 参 数	数 值
型式	探头垂直浸入式
升降驱动方式	电动卷扬
升降速度/m·min^{-1}	高速 36
	低速 3.6
操作周期/s·次$^{-1}$	约 120
浸入深度/mm	>500
行程/m	7.2

4.1.1.8 其他辅助系统

CAS 设置了集尘罩，主要起到烟气收集和隔热的作用。集尘罩东西两侧各设置了一个孔，一个作为浸渍罩升降操作的观察孔，另外一个则是测温取样孔。CAS 除尘系统与现有精炼除尘系统并网，在 CAS 除尘总管上的除尘阀可以实现除尘系统的关闭和开度的调节。

4.1.2 设备联锁要求

4.1.2.1 钢包车允许开出条件

(1) 浸渍罩在待机位；
(2) 喂丝机在停止位；
(3) 氧枪在待机位；
(4) 事故氩枪在待机位；
(5) 测温取样枪均在待机位。

4.1.2.2 浸渍罩联锁

A 浸渍罩上升条件
(1) 浸渍罩锁紧装置松开；
(2) 升降电机无故障；
(3) 编码器无故障；
(4) 氧枪在上限。

B 浸渍罩下降条件
(1) 浸渍罩锁紧装置松开；
(2) 升降电机无故障；
(3) 编码器无故障；
(4) 测温取氧枪在上限。

C 氧枪联锁控制
(1) 阀站仪表无故障；
(2) 升降电机无故障；

（3）氧枪待机位；

（4）浸渍罩自动运行，并在工作位；

（5）钢包车在工作位；

（6）四通除尘阀门打开状态；

（7）吹氩状态正常。

4.2　CAS 精炼工艺技术要求及工艺制度、技术参数

4.2.1　CAS 精炼工艺流程

CAS 精炼工艺流程如图 4-5 所示。

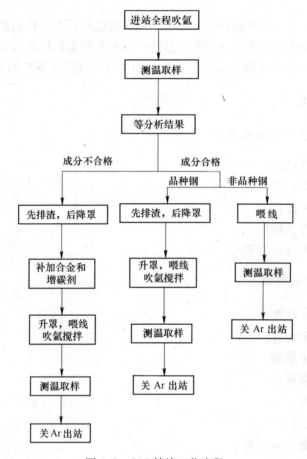

图 4-5　CAS 精炼工艺流程

4.2.2　CAS 吹氩制度

正常工况采用浸渍罩内单透气砖全程底吹氩精炼，底吹氩气工作压力 1.5 ~ 1.7MPa。当底吹不通时，可使用工作压力为 2.0 ~ 2.3MPa 高压氩气破渣壳，当底吹正常后使用 1.5 ~ 1.7MPa 低压氩气。如果使用高压氩气底吹效果仍不好，关闭底吹氩气，采用事故吹

氩枪进行顶吹精炼。

4.2.2.1 各冶炼阶段底吹氩流量控制

（1）钢包坐入钢水车后，接通底吹氩接头，将两路底吹流量（标态）调 300 ~ 500L/min，预吹氩 3 ~ 4min 后测温、取样（定氧）。

（2）试气通畅后，关闭罩外透气砖底吹氩流量。立即将浸渍罩内透气砖底吹流量（标态）调至 600 ~ 800L/min，确认产生 1.4 ~ 1.6m 的无渣区后，进行降罩操作。

（3）调合金期间，将氩气流量（标态）调节到 600 ~ 800L/min。每次加入合金后需搅拌 3 ~ 4min 后才可取样。

（4）加铝吹氧升温期间，将氩气流量（标态）调节到 300 ~ 500L/min。

（5）过程等待将氩气流量（标态）调节到 200 ~ 300L/min。

（6）喂丝期间，吹氩流量（标态）为 50 ~ 100L/min。喂丝结束后弱搅拌 8 ~ 15min。

4.2.2.2 事故吹氩枪顶吹氩流量控制

（1）顶吹氩枪枪口距包底距离保持在 400 ~ 600mm。

（2）钢包到站后，打开吹氩阀，如果使用高压氩气底吹效果仍不好，关闭底吹氩气，采用事故吹氩枪进行顶吹精炼。用 900 ~ 1300L/min 流量（标态）预吹氩 3 ~ 4min 后测温、取样（定氧）。

（3）调合金期间，将氩气流量（标态）调节到 900 ~ 1300L/min。每次加入合金后需搅拌 3 ~ 4min 后才可取样。

（4）加铝升温期间，将氩气流量（标态）调节到 600 ~ 1000L/min。

（5）喂丝期间使用底吹氩气，每路吹氩流量（标态）为 50 ~ 100L/min。喂丝结束后弱搅拌 8 ~ 15min。

4.2.3 CAS 温度制度

4.2.3.1 CAS 过程温降计算

$$\Delta T = \Delta T_1 + \Delta T_2 - \Delta T_3 + \Delta T_4$$

式中，ΔT 为处理开始温度与结束温度的差值；ΔT_1 为与时间有关的温降，自然温降；ΔT_2 为加入合金、废钢造成的温降；ΔT_3 为由铝脱氧导致的升温；ΔT_4 为其他因素造成的温降。

ΔT_1——自然降温（参考值）：钢水精炼前自然温降为 0.8 ~ 1.4℃/min，正常周转红包，参考温降按 0.8 ~ 1.0℃/min 考虑，非正常周转红包，参考温降按 1.0 ~ 1.4℃/min 考虑。钢水精炼后自然温降为 0.6 ~ 0.8℃/min。

ΔT_2——调整合金温降（按 300t 钢水计算，参考值），见表 4-7。

表 4-7　不同合金对钢液温度的影响值

合金种类	炭粉	废钢	高碳锰	低碳锰	铬铁	钒铁	钛铁	硅铁	铝球
加 100kg 合金温降/℃	2.35	0.5 ~ 0.7	0.77	0.67	0.60	0.48	0.51	0.29	0.29

ΔT_3——脱氧升温：用铝脱氧导致的升温，每脱 100ppm 的氧，可以升温 3 ~ 4℃。

ΔT_4——其他温降：由于吹氩过程降温，钢水温度补正参考值按 1.5℃/min 考虑。浸渍罩浸入钢水中带来的温降，按表 4-8 参考值进行温度补正。

表 4-8　补正温度值

两炉用罩时间间隔/min	0 ~ 10	10 ~ 15	≥15
补正温度/℃	0	+5	+8

注：新罩温度补正：夏天按 +8℃，冬天按 +10℃ 考虑。

加入废钢降温（按 300t 钢水）：每加入 100kg 废钢降温 0.5 ~ 0.7℃。

钢包包底如有冷钢存在，也会对钢水产生不同程度的温降，温度补正值见表 4-9。

表 4-9　钢包包底冷钢温降

包底冷钢状态	判定标准/t	温度补正值/℃
A	冷钢 0 ~ 0.5	0
B	冷钢 0.6 ~ 1.0	+5
C	冷钢 1.1 ~ 1.5	+8
D	冷钢 1.6 ~ 2.5	+12
E	>2.5	异常处理

4.2.3.2　CAS 处理后温度控制

CAS 精炼结束目标温度 T_{end} 为：

$$T_{end} = T_{TD} + T_1 + T_2 + T_3 + T_4 + T_{Ar}$$

式中，T_1 为钢包到中间包温降，一般为 25 ~ 30℃；T_2 为回转台上钢包等待补正温度，若等待时间 $t \leqslant 15min$，则 $T_2 = 0℃$，若 $t > 15min$，则 $T_2 = 0.3 \times (t - 15)℃$；$T_3$ 为连铸补正温度，开机第一炉 $T_3 = 5 ~ 10℃$，其他情况 $T_3 = 0℃$；T_4 为从 CAS 到回转台吊运过程温降，0.3 ~ 0.5℃/min；T_{Ar} 为回转台上在线吹氩损失温度，一般 3 ~ 5℃；T_{TD} 为中间包目标温度，T_{TD} = 钢种液相线温度 + 过热度。

4.2.3.3　CAS 精炼处理前目标温度

CAS 处理前目标温度 T_{star} 为：

$$T_{star} = T_{end} + T_5$$

式中，T_{end} 为 CAS 精炼结束目标温度；T_5 为 CAS 处理过程温降：

$$T_5 = T_标 + T_补$$

$T_标$ 为 CAS 处理过程标准温降，一般 25 ~ 35℃；$T_补$ 为需补正温度。

$T_补$ 的确定：
$$T_补 = T_包 + T_冷 + T_槽$$

钢包状况温度补正 $T_包$，见表 4-10。

表 4-10 钢包状况温度补正

包别	代码	判定标准	温度补正值/℃
周转包	1	上炉浇注结束至本炉出钢开始，时间未超过 1h	0
	2	上炉浇注结束至本炉出钢开始，时间在 1.1~1.5h	+3
	3	上炉浇注结束至本炉出钢开始，间隔时间在 1.6~2h	+5
	4	上炉浇注结束至本炉出钢开始，间隔时间在 2.1~2.5h	+8
	5	上炉浇注结束至本炉出钢开始，间隔时间在 2.6~3h	+10
	6	上炉浇注结束至本炉出钢开始，间隔时间在 3.1~5h	+13
	7	浇注终了至下炉出钢大于 5h，预热 2h 后至受钢不超过 1h	+10
修理包	8	预热 2h 后，在 1h 内出钢	+10

4.2.3.4 CAS 精炼测温、取样要求

（1）CAS 到站预吹氩后测温、取样结果为到站温度、成分。

（2）CAS 离站前 1min 内测温作为精炼处理后温度。红包出钢过程等待时间超过 10min，其他包况等待时间超过 8min 炉次，必须测温，监控过程温度。

（3）准备好测温枪、取样枪及各种探头，按规定使用温度表、定氧表，使之处于良好状态。

（4）测温、取样时，测温枪、取样枪插入钢液面以下深度 300~400mm。

（5）钢样取出后经冷却，并直观检查，钢样是否取满，有否空洞，确认合格后，发送化验室。

（6）离站温度需连续测 2 枪，2 枪温度差不高于 5℃，取低值。测温相差大于 5℃ 须进行补测第 3 枪，取三个温度中的最低值。

4.2.4 OB 枪吹氧升温制度

当到站温度低于精炼到站目标温度不低于 15℃，需采用加铝吹氧升温。升温处理应先于调整合金成分进行。

4.2.4.1 升温吹氧量的计算

计算升温吹氧量的公式如下：

$$V_{O_2} = \Delta T \times 10$$

式中，V_{O_2} 为升温所需吹氧量（标态），m^3；ΔT 为目标升温量，℃。

4.2.4.2 升温加铝量的计算

计算升温加铝量的公式如下：

铝硅镇静钢： $m_{Al} = V_{O_2} \div 0.8$

铝镇静钢： $m_{Al} = V_{O_2} \div 1$

式中，m_{Al} 为升温所需铝加入量，kg；V_{O_2} 为升温所需吹氧量（标态），m^3。

4.2.4.3　吹氧气流量及枪位

CAS 氧枪为水冷枪，吹氧操作氧枪口距钢液面 1500mm，总吹氧时间控制在 3~5min，吹氧流量（标态）3300m^3/h。

加铝吹氧升温期间，将氩气流量（标态）调节到 300~500L/min。

4.2.5　加废钢调温制度

（1）根据生产节奏、处理前温度，合理掌握降温废钢的加入量。加入废钢降温（按 300t 钢水）：每加入 100kg 废钢降温 0.5~0.7℃。

（2）大量加入废钢（废钢量大于 2t/炉）时，要求整炉废钢量不大于 5t，每次废钢加入量不超过 1t，最后一批料加完后，保证吹氩大于 5min，测温。

4.2.6　CAS 合金化制度

4.2.6.1　合金调节范围

正常情况下成分按所炼钢种内控目标的中限控制，调整量为 $w[C] \leqslant 0.05\%$、$w[Mn] \leqslant 0.10\%$、$w[Si] \leqslant 0.10\%$，可一次按目标值加入合金。超出上述调整范围，为异常工况，需分多次加入合金。成分控制目标执行各钢种操作要点规定。

4.2.6.2　合金料加入计算

$$合金加入量(kg) = \frac{(本钢种元素目标值(\%) - 加入合金前元素含量(\%)) \times 钢水量(t)}{元素的收得率(\%) \times 合金元素含量(\%)} \times 1000$$

4.2.6.3　合金加入方式

对于到站钢水成分需调整量大的炉次，可以根据预吹氩 3~4min 取样分析结果进行粗调，目标按内控标准下限值进行调整。吹氩 3~4min 后，取钢样分析，再根据结果进行成分精调。每批合金加入后需保证 3~4min 吹氩后才可以取样分析。

4.2.7　CAS 主要生产钢种及参考时间

4.2.7.1　CAS 生产主要钢种

CAS 生产的主要钢种见表 4-11。

表 4-11　CAS 生产的主要钢种

产品用途	钢　种	代　表　钢　号
冷轧原料	结构用钢	SS330~SS540
热轧商品板卷	低碳结构钢	SPHC、SPHD、SPHE
	结构钢	SS330~SS540、SM400~SM570
	高耐候性结构钢	09CuPCrNi、09CuPTiRE、SAP-H

4.2.7.2 CAS 冶炼各钢种参考时间

CAS 冶炼各钢种的时间见表 4-12。

表 4-12 CAS 冶炼时间表

CAS 操作工艺流程	时间分配/min			
	A 类		B 类	
	正常	最短	正常	最短
CAS 钢包车运输开到处理位	1	1	1	1
吹氩混匀成分、温度	4	3	4	3
测温、取样、定氧	1	1	1	1
下降浸渍罩	0.5	0.5	0.5	0.5
吹氧、加铝升温或加铝脱氧	6	6	5	5
加合金调整成分、加废钢调温	2	2	2	2
再吹氩混匀成分	3	3	3	3
取样、定氧	1	1	1	1
等样时间	3	3	3	3
枪体上升，CAS 浸渍罩提升	1	1	1	1
喂丝	2	2	2	2
弱吹氩	8	5	5	3
测温	0.5	0.5	0.5	0.5
CAS 钢包车开到精炼跨	1	1	1	1
总 计	35	30	30	28.5

4.3 CAS 工艺控制思路和自动化控制方式

4.3.1 浸渍罩浸入标准

必须保证将渣面吹开 1.4~1.6m 露出钢水亮面后，才可降罩。需保证浸入钢水 200~300mm。

4.3.2 浸渍罩更换标准

4.3.2.1 浸渍罩下罩更换标准

浸渍罩下罩在使用过程中如有下列情况之一必须更换：

(1) 下罩剩余最低高度小于 200mm，必须立即更换。

(2) 下罩外侧粘渣（或钢）厚度大于 100mm，必须经过处理方可使用，如不能满足正常降罩需要必须立即更换新罩。

(3) 下罩内侧粘渣（或钢），使罩内径小于 1000mm 时，必须经过处理方可使用，如处理无效必须立即更换新罩。

（4）裂纹大于300mm（长）×5mm（宽）×25mm（深），必须立即更换新罩。

（5）浸渍罩下罩下沿侵蚀不均，高度差大于150mm，必须立即更换。

4.3.2.2　浸渍罩上罩更换标准

浸渍罩上罩在使用过程中如有下列情况之一必须更换：

（1）内壁耐火材料残厚小于30mm，必须立即更换。

（2）内壁耐火材料剥落大于30mm×50mm，必须立即更换。

（3）内壁粘钢（或渣），使上罩上口直径小于300mm，必须立即更换。

（4）罩的上口因高温变形，必须立即更换。

（5）上罩局部见红，必须立即更换。

4.3.3　自动化控制方式

CAS的控制过程是指从钢包平稳落在位于待机位的钢包台车上开始，到钢水经CAS处理后，钢包吊离CAS钢水车为止的一系列控制设备运行的过程。

主要控制的设备包括：钢包台车1台、浸渍罩及其提升装置1套、自动测温取样装置1套、事故吹氩枪1套、氧枪及升降装置1套、合金加料系统1套、喂丝机1套、除尘系统1套。

上述设备可在主控室HMI或主控室操作台上，进行手动或自动操作，通过PLC对设备进行控制。

4.3.3.1　浸渍罩提升把持装置

浸渍罩用于罩住钢水表面因钢包底吹氩形成的无渣区，使浸渍罩内的钢水基本上与大气相隔离。

需升降浸渍罩时，在操作人员启动后，浸渍罩通过其提升装置，从待机位下降到工作位，浸入钢水表面以下200～300mm，冶炼结束后，浸渍罩从处理位返回待机位。

该装置主要由带耐火材料的浸渍罩、浸渍罩提升装置、浸渍罩夹持装置、台车锁紧装置组成。

A　操作和控制方式

操作人员可在中控室CRT上、主控室操作台和主操作平台上的机旁操作盘对浸渍罩进行操作。操作场所的选择在机旁操作盘上进行，设三位切换开关，三位为：集中—关断—机旁，中控室操作台设有紧停按钮。

控制方式为手动和自动。

需控制的主要设备为：升降变频电机及制动器、夹持装置中的电动缸电机及其制动器、处理位和维修位的锁紧气缸电磁阀。

浸渍罩锁定机构动作为锁定/松开，可在机旁操作箱和中控室操作台或HMI进行操作，设"集中—机旁"选择开关，并有"锁定"和"松开"灯钮。其中，浸渍罩升降过程中，"锁定/松开"操作无效。

浸渍罩夹持机构动作为夹紧/松开，可在机旁操作箱和HMI进行操作，设"集中—机旁"选择开关，并在机旁操作箱设锁定的"夹紧"和"松开"灯钮，在中控操作室操作台仅设"夹紧"和"松开"指示灯。HMI 上手动方式备用。

浸渍罩升降机构动作为上升/下降，可在机旁操作箱和中控室操作台或 HMI 进行操作，设"集中—关断—机旁"选择开关，"手动—自动"选择开关，"工作—检修"选择开关，以及"上升""下降"按钮。设"等待位""工作位""检修位"指示灯。在就地操作箱设浸渍罩高度数码显示屏。

B　浸渍罩行程控制说明

浸渍罩升降过程典型停位点见表 4-13。

表 4-13　浸渍罩升降过程典型停位点

停位编号	停位名称	浸渍罩底部标高/m	钢包车上钢液面/m	罩上口高/m
	机械上限	+6.300		9.3
H1	待机工位	+6.150		
H2	300t 钢水处理位	+4.890	+5.290	
H3	270t 钢水处理位	+4.600	+4.900	
H4	250t 钢水处理位	+4.120	+4.420	
H5	取样枪升降	+4.290	+4.590	
H6	事故吹氩枪升降	+3.870	+4.170	
H7	氧枪升降	+3.650	+3.950	
H8	合金加料装置	+1.235		3.215
	机械下限	+1.200		

钢包车上钢包上口：5.695m；

浸渍罩插入钢液深度：200 ~ 300mm；

生产时最大行程（$H_1 - H_7$）：2700mm；

更换时最大行程（$H_1 - H_8$）：4950mm。

浸渍罩行程由编码器检测，利用待机位限位开关对编码器清零。处理钢水时，浸渍罩工作行程不应超过 2700mm，浸渍罩维修和更换时，根据限位开关控制行程。仅在主控 CRT 自动操作时，才进行行程计算，机旁手动和主控手动操作时，不进行行程计算。

C　浸渍罩升降速度控制说明

为保证浸渍罩停位精度，浸渍罩升降采用由高速转低速后停止。用 VVVF 装置实现变速，变速点为 L1 计算机计算出的浸渍罩行程终点前 300mm 处（本值可通过 HMI 进行修改），即下降时变速点为浸渍罩处理位置上方 300mm 处，停机信号由计算机发出，上升时为待机位置下方 300mm 处，停机信号由待机位置的限位开关发出。

手动操作时，浸渍罩升降速度为低速。

自动操作时，选择"维修位"，则工作下限及下极限不起作用。

其中，当浸渍罩上升至上限时，延时 20s 自动锁定。

浸渍罩维修点的升降只允许就地手动操作。

4.3.3.2　氧枪装置

氧枪由氧枪本体、升降小车、氧枪提升装置、带导向轨的框架等组成。氧枪本体分为上部和下部，升降小车由夹紧机构和导向轮等组成。氧枪升降由变频电机驱动。装置带气动马达和手动释放气缸各一个。

为了保证氧枪距钢水表面距离稳定或可调，根据编码器的指示和枪的损耗长度对枪的位置进行控制。氧枪位置设定和显示通过 L1 级屏幕进行。

A　操作和控制方式

操作人员可在中控室 CRT 上和机旁操作盘共两个位置对氧枪进行操作。操作场所的选择在机旁操作盘上进行，设三位切换开关，三位为：集中—关断—机旁。

控制方式分为自动方式和手动方式。中控 CRT 上为自动方式，机旁操作盘上为手动方式。具体操作和控制方式见表 4-14。

表 4-14　氧枪装置操作和控制方式

操作和控制方式	中控 CRT	机旁操作盘
	自动	手动
操作场所选择		○
电源切入/启动	○	
紧急停止		○
自动吹氧升温	○	
手动下降		○
手动上升到待机位		○
手动上升到更换位		○

需控制的主要设备为：升降变频电机及制动器。

编码器：AMP…4K-1212　DC 10-24V　　　数量：1

接近开关：IFL 15-30M-10P　DC 10-24V　　数量：2

限位开关：ML441-11y　AC 220V　　　　数量：2

接近开关用于枪的上下极限位停枪，限位开关为事故极限。

在断电情况下，手动控制气动阀，通过手动释放气缸拉开电机制动器手动释放，并控制气动马达驱动氧枪上升到高位。

在机旁操作箱和控制室操作台上各设一事故按钮，用于事故提升氧枪。

B　氧枪行程控制说明

氧枪待机时，位于待机位置。吹氧时，氧枪出口距离钢液面距离约 600mm，通过 HMI 可调。

在氧枪控制画面中显示出钢包净空，操作人员参考显示数值，根据当前处理位钢包的新旧及出钢量，由操作人员确定氧枪行程，并在操作画面中手动输入氧枪的下降行程 S。氧枪根据输入，将枪下端停于钢液面以上 600mm。

氧枪下降行程由编码器检测，通过升降待机位限位开关清零。

仅在主控 CRT 自动操作时，才进行行程计算。机旁手动时，不进行行程计算。

C　氧枪升降速度控制说明

为保证氧枪停位精度，氧枪升降采用由高速转低速后停止。用 VVVF 装置实现变速，变速点为过程计算机计算出的氧枪行程终点前 200mm 处，即下降时变速点为氧枪处理位置上方 200mm 处，停机信号由计算机发出，上升时为待机位置下方 200mm 处，停机信号由待机位置的限位开关发出。在手动（点动）方式下，氧枪升降速度为高速。

4.3.3.3　事故吹氩枪装置

A　操作和控制方式

操作人员可在中控室 CRT 上和机旁操作盘共两个位置对事故吹氩枪进行操作。操作场所的选择在机旁操作盘上进行，设三位切换开关，三位为：集中—关断—机旁。

控制方式分为自动方式和手动方式。中控 CRT 上为自动方式，机旁操作盘上为手动方式。具体操作和控制方式见表 4-15。

表 4-15　事故吹氩枪装置操作和控制方式

操作和控制方式	中控 CRT	机旁操作盘
	自动	手动
操作场所选择		○
电源切入/启动	○	○
手动下降		○
手动上升到待机位		○
手动上升到更换位		○

B　需控制的主要设备为：升降变频电机及制动器。

编码器：AMP…4K-1212　　DC 10-24V　　　数量：1

接近开关：IFL 15-30M-10P　DC 10-24V　　数量：2

限位开关：ML441-11y　AC 220V　　　　　数量：2

接近开关用于枪的上下极限位停枪，限位开关为事故极限。

正常生产中事故吹氩控制通过控制室画面完成，画面显示枪位，在枪的运动过程中，当事故吹氩枪下端下降至钢包沿高度时（行程 5105mm），电机由高速转入低速。枪最终位置在钢包衬底以上 500mm，具体标高 1770mm。

4.3.3.4　合金加料装置

CAS 用一套铁合金加料系统。合金加料系统用于储存、称量和输送合金材料，共有 16 个料仓。合金材料主要由皮带输送机加入高位料仓（上料部分），合成渣和贵重合金用专用料罐加入高位料仓。

铁合金通过振动给料器送到称量料斗，经称量料斗称量后，振动给料器卸出铁合金到皮带输送机，皮带输送机经溜管将铁合金送到加料料斗。

A　操作和控制方式

操作人员可在中控室 CRT 上和机旁操作盘共两个位置对合金加料系统进行操作。

操作场所的选择在机旁操作盘上进行，设三位切换开关，三位为：集中—关断—机旁。

控制方式分为自动方式和手动方式。中控 CRT 上有自动和手动方式，机旁操作盘上为手动方式，机旁操作盘用于设备安装调试、保养、维修和紧急停止后的事故处理。具体操作和控制方式见表 4-16。

表 4-16　合金加料装置操作和控制方式

操作和控制方式	中控 CRT		机旁操作盘
	自动	手动	手动
操作场所选择			○
自动向钢包卸料	○		
选择强振/弱振			○
启闭加料斗闸门		○	○
启闭振动给料器		○	○

需控制的电气设备和元器件主要为推杆及闸门的电机、称量装置等。

B　正常加料自动模式（向料斗自动卸料）

由 PLC 控制，在中控室的 MMI 上进行操作。

过程计算机通过合金计算模型，根据测温取样的分析结果和产品的目标成分，计算出 CAS 处理所需的合金品种、重量，在过程计算机上设定，并传送至 PLC，这些设定值可以由过程计算机刷新或直接由操作人员在 HMI 上修改。

当操作人员向加料系统发出自动加料指令后，合金加料控制系统应自动根据 CAS 需要的合金加入量，分品种依次称量后，分批加入到 CAS 的加料斗中，等待 CAS 主控发出的加料指令。

C　正常加料手动模式

由 PLC 控制，在中控室的 HMI 上操作，合金料设定值的输入以及每个设备的开启和关闭均由操作工分别进行。

通过 HMI 设定好合金料加入品种和重量后，待合金加料系统给出称量完毕信号后，首先，人工以强振方式启动振动给料器，接着，打开 CAS 加料斗的电液动平板闸门，到重量接近设定值时，停止振动给料器，然后，再以弱振方式启动振动给料器，一边观察称量显示，一边反复启动振动给料器直至加料斗显示"空"。

当 CAS 加料斗显示无料时，停止自动给料器，延时关闭加料斗闸门。

在中控室由操作人员发出自动卸料指令时，系统也将按上述步骤自动卸料。

4.3.3.5　测温取样装置

定氧取样装置主要由一支定氧取样枪和一支定氧枪组成，可单独驱动。

测温取样枪根据不同的探头进行单测温（T）、测温取样、定氧测温（T + TOT）和取样（M），分别由一台变频电机驱动，用编码器检测行程。

测温取样枪内测温导线由压缩空气冷却，冷却气路由一个单电控电磁阀进行控制，正常生产时为常开状态。

A 操作和控制方式

操作人员可在中控室 CRT 上和主操作平台上的机旁操作盘共两个位置对测温取样枪进行操作。操作场所的选择在机旁操作盘上进行，设三位切换开关，三位为：集中—关断—机旁。

控制方式分为自动方式和手动方式。中控 CRT 上为自动方式，机旁操作盘上设有自动和手动方式。具体操作和控制方式见表 4-17。

表 4-17 测温取样和破渣装置操作及控制方式

操作和控制方式	中控 CRT	机旁操作盘	
	自动	自动	手动
操作场所选择		○	
自动/手动			○
测温枪自动计测	○	○	
测温枪上升			○
测温枪下降			○

需控制的主要设备为：升降变频电机及制动器、电动缸电机及制动器。

绝对值编码器：AMP 4K-1212   数量：2

接近开关：Ni15-M30-AP6X   10～30DC   数量：2

限位开关：ML441-11yt（220V AC）   数量：4

接近开关用在枪进入钢水受阻时，发出讯号停止枪体下降，提升枪体后重新下降枪体，起到保护作用。

限位开关是控制（事故时）枪最大行程（250t 旧包时为 7250mm）。

B 测温枪动作过程和行程控制

测温枪待机时，高度在正常上限位。工作时，操作人员根据需要，手动装入探头，启动测温枪，测温枪下降，然后根据液面高度和探头类型下降至钢液面深度 500～800mm，停留 1～5s 上升至待机位，即至正常上限位，等待下一次工作循环。

测温枪升降的位置测温枪行程确定有两种方式：

选择手动方式测量钢液面时，目测后，并通过 HMI 输入到 L1 计算机中，用于测温枪行程计算；

选择测温枪测量钢液面高度时，测温探头带测液面位置功能，结合编码器检测的行程，在 L1 计算机中对测温、测温定氧的位置自动进行计算。

测温枪下降行程由编码器检测，利用正常上限位开关清零。

C 测温枪升降速度控制

为保证探头免受钢渣损坏及计测点的停位精度，测温枪下降时由高速转低速后停止。用 VVVF 装置实现变速，速度切换点 1 为钢液面以上 200～300mm 处（可调），停机信号由计算机根据计测点位置发出，上升时为高速转低速后停止，速度切换点 2 为待机高度下方 200～300mm 处（可调），停机信号由编码器发出，在待机高度停止。

4.4　CAS 精炼基本工艺操作

4.4.1　主要原材料和介质技术条件

4.4.1.1　原材料条件

A　铁合金

常用的铁合金有 Fe-Si、Fe-Mn、Al 等，合金粒度为 10~50mm。

B　硅钙线

硅钙线执行 YB/T 053—2007，直径 13.0~13.8mm，芯粉质量不小于 220g/m，每千米接头个数不大于 2，钢带厚度 0.3~0.45mm，芯粉成分按 YB/T 5051—1997 执行，见表 4-18。

表 4-18　硅钙线成分表　　　　　　　　　　（%）

成分	Ca	Si	C	Al	P	S
含量	≥28.00	55.00~65.00	≤1.00	≤2.40	≤0.04	≤0.05

C　钙铝线

钙铝线执行 YB/T 053—2007，直径 13.0~13.8mm，芯粉质量不小于 158g/m，每千米接头个数不大于 2，钢带厚度 0.3~0.45mm，芯粉成分按 YB/T 5308—2006 执行，见表 4-19。

表 4-19　钙铝线成分表　　　　　　　　　　（%）

成分	Ca	Al	C	P	S
含量	≥30.00	≥55.0	≤1.00	≤0.04	≤0.05

D　铝线

铝线执行 GB/T 3190—1996，直径 12mm，内抽头式，卷重不大于 1000kg/卷，千米接头数不大于 2 个。铝线执行成分见表 4-20。

表 4-20　铝线成分表　　　　　　　　　　（%）

成分	Al	Si	Fe	Cu	Mn	Mg	Ni	Zn	Ti
含量	≥99.3	0.1~0.2	0.15~0.30	≤0.05	≤0.01	≤0.01	≤0.01	≤0.02	≤0.02

E　低氮增碳剂

低氮增碳剂大包装每袋 1t，小包装每袋 30kg，内装 6 小袋，每小袋 5kg。氮的检验执行 GB/T 19227—2003，化学成分用空气干燥基数据表示，见表 4-21。

表 4-21　低氮增碳剂成分表　　　　　　　　　　（%）

成分	$C_{固}$	S	N	灰分	H_2O	粒度/mm
含量	≥89	≤0.20	≤0.15	≤8	≤0.5	3~8

F 钢包覆盖剂

含碳钢包覆盖剂（一般炉投入量150～200kg），具体标准见表4-22。

堆密度为0.6～0.8t/m³，熔点为（1300±30）℃，粒度1～5mm占90%以上。5kg/袋、1t/袋两种双层包装。

表4-22 含碳钢包覆盖剂具体标准 （%）

成分	CaO	SiO_2	Al_2O_3	C	H_2O
含量	40±2.5	30±2.5	≤10	10～20	≤1

无碳钢包覆盖剂（一般炉投入量200～250kg），具体标准见表4-23。

表4-23 无碳钢包覆盖剂具体标准 （%）

成分	CaO	SiO_2	Al_2O_3	H_2O	C
含量	40±2.5	30±2.5	25±2.0	≤1	≤3

堆密度为0.6～0.8t/m³，熔点为（1300±30）℃，粒度1～5mm占90%以上。5kg/袋、1t/袋两种双层包装。

G 铝粒

铝粒执行GB/T 3190—1996，粒度8～10mm。具体标准见表4-24。

表4-24 铝粒的具体标准 （%）

牌号	Al	Si	Fe	Cu	Mn	Mg
1A30	≥99.3	0.1～0.2	0.15～0.30	≤0.05	≤0.01	≤0.01

H 冷却废钢

冷却废钢选用（$w(C)$≤0.15%）低碳、低合金钢轧制后的边角废料，各边长（直径）尺寸不超过50mm的方块或圆块，要求干净、干燥、无油、无异物、无锈无飞边。

4.4.1.2 介质条件

A 氧气

纯度：≥99.6%，压力1.0～1.1MPa，氧气最大流量（标态）3300m³/h。

B 氩气

纯度：99.99%，无水，无油，压力：1.2～1.3MPa，氩气最大流量（标态）1000m³/h。

C 压缩空气

纯度：≥99.95%，无腐蚀成分，压力：0.6MPa。

4.4.1.3 其他要求

A 钢包的条件

（1）钢包透气砖通气良好，洁净，无包沿，无包底，正常周转包。

（2）新包前3次、小修包前3次及非正常周转包，需提前通知精炼工。

（3）钢包必须预热不低于 900℃。

B　对转炉出钢的要求

（1）钢包净空（300t 钢液面）400～800mm，最大净空不大于 1500mm。

（2）转炉出钢采用挡渣或留钢操作控制下渣量不大于 70mm。

（3）出钢过程中加入合成渣，加入量见各钢种操作要点。

（4）对转炉出钢水的化学成分和进站温度执行各钢种冶炼技术操作要点操作规程。

4.4.2　生产前的检查及准备工作

（1）检查 CAS 罩系统是否升降正常。

（2）检查操作台上的开关，按钮是否正常好用，各计算机设备和自动化仪表显示是否正常。

（3）检查氩气的管道压力、流量、阀门开关等是否显示及动作、正常。

（4）检查料仓各材料是否准备充足、正确。

（5）降罩操作条件：

1）钢液面渣厚不大于 100mm；

2）钢水到站温度在合格温度上限。

4.4.3　CAS 操作（含成分微调）

（1）钢水进站后，将钢包氩气溢出点对准 CAS 罩正下方，定好钢包车位置，并确认无溜车情况。

（2）调节氩气进行排渣，使钢水液面大面积翻动，使钢水液面暴露直径大于 900mm 以上，确保浸罩内无渣（不进行 CAS 操作时，执行基本氩流量（标态）5～30m³/h，钢水液面暴露直径不大于 300mm）。

（3）CAS 罩刚好接触钢水液面位置定为零位。

（4）在确定零位并确认罩内无渣之后，将浸罩下缘浸入钢水液面以下 150～200mm，然后将氩气量调至基本吹氩流量。

（5）升罩前先将氩气减至弱吹氩气量，再进行升罩操作。

（6）需成分微调时，按相关工艺要求和成分标准添加相应合金或炭粉进行调整。

（7）CAS 操作（或成分微调）时，工艺过程参考参数见表 4-25。

表 4-25　CAS 操作工艺过程参数

技术参数	排渣氩气流量（标态）/m³·h⁻¹	加合金氩气流量（标态）/m³·h⁻¹	升罩氩气流量（标态）/m³·h⁻¹	浸罩深度/mm
数值	>40	30～40	10～25	150～200

4.4.4　基本工艺过程控制

4.4.4.1　成分微调

（1）Fe-Si、Fe-Mn 合金加入量的计算：

$$成分微调的合金加入量(kg) = \frac{钢种目标值(\%) - 取样结果(\%)}{合金成分(\%) \times 合金收得率(\%)} \times 钢水量(kg)$$

（2）增碳剂加入量的计算：

$$增碳剂加入量(kg) = \frac{钢种目标 C(\%) - 取样结果 C(\%)}{增碳剂中 C 含量(\%) \times C 的收得率(\%)} \times 钢水量(kg)$$

（3）在 CAS 罩内加入合金或增碳剂时，加完后应将氩气流量调至强吹氩量保持 3min 以上方可取样。

（4）各主要合金，材料经 CAS 处理微调时，各元素收得率参考值见表 4-26。

表 4-26 各元素收得率参考值

元素	C	Mn	Si	Cr	Ni	V	Nb	Al	B	Ti
吸收率/%	90 ~ 95	100	95 ~ 100	100	100	95	95	75	50 ~ 60	40 ~ 50

4.4.4.2 喂线控制

（1）喂线操作按相关钢种技术操作要点规定的喂线量进行操作。

（2）软吹时间不小于 6min。

4.4.4.3 取样测温

（1）在钢水进站后，必须保证吹氩 1min 以上方可取样测温。

（2）成分微调后及出站前，必须保证钢水的纯吹氩搅拌时间在 2min 以上方可取样测温。

4.4.5 出站

精炼结束后，加入 100 ~ 150kg 保温剂（有特殊要求的钢种除外），覆盖整个钢水液面，开出精炼工位，等待吊运。

4.5 防止发生质量和操作事故的规定和注意事项

4.5.1 精炼处理渣氧化性强炉次的操作

钢水到站炉渣氧化性强，翻腾厉害，根据渣量立刻向渣面撒 30 ~ 150kg 铝粒对渣脱氧。

精炼工需预先考虑渣中回硅对成分的影响，或可先脱渣中氧，搅拌 3min 后再取三份样。

4.5.2 过氧化钢水处理

冶炼低碳铝镇静钢时，到站氧活度大于 500ppm 的炉次。必须以喂铝线的方式进行钢水脱氧，喂铝线量根据定氧值按 [Al]$_s$ 成分内控上限控制。若定不出氧值，在确认定氧枪无故障的前提下，一次性喂入铝线 400m，并使用 300 ~ 500L/min 流量吹氩 3min 后再进行定氧，根据定氧值将 [Al]$_s$ 调至成分内控上限。

　　精炼工需预先考虑渣中回硅对成分的影响，或可先脱渣中氧，搅拌 3min 后再取三份样。

4.5.3　设备运转异常

　　控制室操作工在操作设备运转时（包括机旁操作），应随时观察设备运转情况，发现异常时，迅速按下事故钮停止设备运转，待处理后，方可解除事故状态。

4.5.4　钢包漏钢

　　吹炼过程中如发现钢包漏钢，必须立即停止吹炼，将 CAS 罩和事故吹氩枪等设备恢复到原始位置，将钢水车开至吊包位，并通知调度和天车将钢包吊至事故包位置进行处理。

4.5.5　钢包大翻

　　吹炼过程中如发现钢包大翻应立即停止吹炼，检查原因待消除隐患后方可进行吹炼。